Value Proposition Design

How to create products and
services customers want.
Get started with...

價值主張年代

設計思考╳顧客不可或缺的需求
＝成功商業模式的獲利核心

Alex Osterwalder、 Yves Pigneur、Greg Bernarda

Alan Smith__著 Trish Papadakos __設計   季晶晶__譯

有效縮短「從 A 到 Z」的路徑
文／李吉仁

眾所周知，新創公司的成功率極低，深究其原因，固然天時、地利、人和、甚至運氣都有關係，但諸多案例都告訴我們，關鍵可能都在於沒能即時調整到對的商業模式。很多人都會同意，很少有（甚至是沒有）創業團隊一開始起步的商業企劃書，就是最後能夠存活的商業模式。因此，逐步探索與優化商業模式，幾乎是每個新創團隊必須學習的課題。難怪常有人會說，創業不僅是「從 0 到 1」的過程，搞定商業模式更猶如「從 A 到 Z」的歷程。

過去 15 年來，互聯網與移動通訊技術的快速發展，加速了數位匯流（digital convergence）的實現，這使得商業交易條件中的時間與空間因素，發生了根本上的改變。電子商務與實體經濟得以分庭抗禮，供應鏈的端對端（end-to-end）速度加快，過往需要高成本才能提供的客製化服務、或小眾市場需求，現在也都變得可行且親民。創新的價值主張（value proposition）與商業模式，如線上線下整合模式（O2O）、平台模式（platform model）、雙邊或多邊市場（double-sided or multi-sided markets）的概念與成功應用個案，將會更加層出不窮。如果，再加上物聯網（Internet of Things, IoT）願景所衍生的服務與整合商機，未來創業能否成功，必然與商業模式的創新有效性息息相關。

本書係坊間流傳甚廣的「商業模式圖」（Business Model Canvas，或稱為商業模式九宮格）原創人，亞歷山大・奧斯瓦爾德（Alex Osterwalder），繼《獲利世代》（*Business Model Generation*）之後的同型作品，主要係針對商業模式設計的核心問題：如何建立目標客群（target audience, TA）與價值主張的適配（Fit），根據九宮格畫布的實際使用經驗，提出更為細部、具體的導引問題與工具。

基本上，本書認為有效的商業模式都需反覆歷經「設計→測試→演進」的三階段過程，而有意義的需求內涵，需充分掌握顧客待完成任務的「痛點」（pain）與「獲益」（gains），而產品或服務的價值主張便是要有效地解決顧客的痛點，並放大其獲益。同時，本書亦提供詳細的價值主張測試方法與步驟，以及如何讓商業模式與日精進的方法。另外，本書也以開放的態度，廣納其他有用的商業模式設計邏輯與創業、策略規劃工具，如哈佛商學院克里斯汀生（C. Christensen）教授的價值主張設計邏輯、歐洲工商管理學院（INSEAD）金偉燦（W. Chan Kim）教授的藍海策略設計圖、以及萊斯（Eric Rice）的精實創業與最簡可行品概念等。整體而言，本書可說是一本非常實用的商業模式設計教戰守則（playbook）。

已故的管理大師彼得杜拉克（Peter Drucker）曾經說過：「生產並不是將工具應用到材料上，而是將邏輯應用到工作上；正確的邏輯運用得愈清楚、愈理性，生產所受的限制就愈少，機會就愈多。」在漸趨複雜的商業環境中，產生創新商業模式需要的不只是神來一筆的創意，而是持續運用正確的商業邏輯檢視模式的內在一致性，搭配精實的市場測試，建立外部一致性，從而完成價值適配，以有效的縮短「從 A 到 Z」的路徑；個人認為這是本書對於事業發展（BD）經理人或創業者的最大價值所在。

（本文作者為臺灣大學國際企業學系教授、臺大創意與創業中心與學程主任）

各界推薦

找出價值主張，全新投入

文／洪小玲

這是暢銷書《獲利世代》「商業模式圖」主要的兩位作者再次推出的新書，《價值主張年代》說明「價值」和顧客的關係，並提供具體設計和發展「價值」的作法，書中說明價值與價值適配（Fit）的重要性，還有評估該價值帶來的商業機會可能有多大，這對發展商業模式是個重要的開始。

在這個「唯一不變的就是變」的時代中，亞馬遜（Amazon.com）創辦人暨執行長傑夫·貝佐斯的一個有關創新名言是：「專注未來十年不變的事物，全心全力投入。」我認為可以運用「價值主張設計」幫助找出這個不變的事物帶給消費者的價值。在行動網路與應用快速發展的現在，有人認為消費者永遠在尋求免費，或是最低價的商品或服務，也有人主張消費者願意為更好或更快的服務付費，究竟那一種「顧客價值主張」能讓企業在未來立於不敗的地位？許多企業也都高喊

「Mobile First」，什麼樣「Mobile First 的價值主張」較有機會勝出呢？當下許多企業都在重新檢視願景與定位，這本書或許可以提供思考的角度與作法。

我自己和企業內部與外部新創事業團隊約在二年前開始利用《獲利世代》的「商業模式圖」作為討論新業務的共同語言，它不僅讓團隊更有效率的發想與溝通，也協助大家問問題與更深入討論。不論在新創企業或是在內部組織創業中，或是正考慮用想到的好點子開創新事業，還是在企業內希望改善產品、服務或流程，《價值主張年代》可能可以幫你看清楚目前提供的價值和顧客的關係，或是協助你和團隊用共同的語言一起為實現夢想快速前進。

（本文作者為遠傳電信網路暨電子商務事業群執行副總經理、時間軸科技董事長）

價值主張是產品與服務的靈魂核心
文／李彥甫

全球傳統媒體都面臨轉型壓力，一方面開創有效的數位傳播途徑，同時也尋找新的商業模式。

媒體人面對必須改變的浪潮，即使心態上能適應，但最缺乏的，卻是「方法」：一種善於歸納、簡單易懂、沒有大堆專有名詞的思考方法，而且最後會形成「共同的語言」。

2014 年，聯合報系在「興業人才」的訓練課程中，引進 Canvas 商業模式圖做為訓練主軸，一年內有超過六十位上完課程、學做訪查、畫出心目中的商業模式圖。然後在內部的創業競賽中，開始採用新的思路，思考創新模式。重點並非結果，而是改變的過程。

一切都從最基本、也是最容易忽略的部分做起：了解你的顧客（讀者、觀眾、用戶、客戶都是）。如果無法清楚正在對誰說話，如何能確保

我們說了正確的話？

清楚顧客的輪廓、站在顧客的立場思考，找出他們重視的任務、痛點和獲益，在反覆不斷檢視與討論的思辨過程裡，最重要的產出不是產品服務，而是找到「價值主張」，這是每一項產品與服務的靈魂核心。

正是因為「價值主張」如此重要，很開心看到天下雜誌出版了中譯版，讓我們可以依照簡潔的步驟、有趣的圖表，重新面對自己、檢視自己。

更進一步地，這也是資訊亂世之中，做為一個努力轉型及堅持理念的媒體，應該為「價值主張」去用力主張且實踐價值。

我們正在做，歡迎一起做。

（本文作者為聯合報系總管理處總經理辦公室主任、聯合線上公司總經理）

產品與商業模式設計者的聽診器
文／林之晨

這本書中的工具，就像給產品與商業模式設計者的聽診器，幫助我們有效分析潛在用戶需求，提出確實對應的解方。最終，產品真能滿足客戶，就是價值的創造。

（本文作者為《創業》作者、AppWorks 創辦人）

高成長公司的重要工具

文／簡士傑

我第一次接觸到價值主張設計是方略管理顧問執行長林志垚（Steve）幫 UNT 主持了一場策略規劃工作坊的時候。UNT 跟很多網路界的公司一樣，當思考未來發展時，面臨非常多的可能性，覺得什麼都想做，什麼都可以做。在參加工作坊之前，讓我困擾的其中一件事是，我們有那麼多事情想做，內部累積那麼多 know-how，但是總是覺得缺乏一個大藍圖把所有的一切串在一起，讓團隊看未來看得更透徹。

Steve 引進了價值主張設計裡面好幾個模式圖，這些模式圖提供給經營團隊一個很完整的架構，讓團隊重新檢視 UNT 這個事業和目前正在籌備的大型計劃。而所有的模式圖串接起來，就可以引導經營團隊一步步地回答最重要的問題，其中包含：

· 客人長什麼樣子？

· 我是誰？

· 我們今天的競爭力是否足夠？

· 不足的話缺乏什麼？

· 明天如何贏？

在參加價值主張設計工作坊過程中，我們也考量了國內外大環境的市場變化，哪些可能會對 UNT 帶來衝擊。此外，經營團隊如何看待在未來幾年後的經營目標。整個工作坊從頭到尾所勾勒出來的是一套很有邏輯、很清晰的大藍圖，把所有的想法緊密地拼湊在一起：未來該進行哪些計劃、客戶需求、內部強處與弱點、應該要緊盯的大環境變數、未來的願景。

工作坊結束後，我發現在會議中發展出來的模式圖還可以作為對董事會和內部同事們很好的溝通工具，所有人都可以很容易地了解未來的策略規劃。透過價值主張設計的思維，像「美甲地圖」和「美妝評鑑團」這樣看起來短期無收入的計劃立即就獲得所有人認同。

我覺得價值主張設計對追求高成長的公司特別重要，因為這套工具可以幫公司集中注意力。當價值主張策略思維變成內部文化時，團隊對專研市場需求就不會鬆懈，而且優先投資於對客戶最有價值的點子。UNT 也很幸運地能導入商業模式和價值主張設計，這真的是一套很棒、簡單、又有效的工具。我衷心希望更多團隊能有機會體驗價值主張設計的思維。

（本文作者為 UNT 亞卡西雅公司總經理）

設計價值主張的態度

文／林志垚、沈美君

價值主張設計是對誰而言的價值？什麼樣的主張？要如何設計？我們覺得，這本書談的不只是工具、方法，而是「態度」：更謙卑的同理使用者、更務實的詮釋自己觀點、更積極的面對市場、不斷從反饋學習進步，並使價值產生意義（sense making）。

如果是用電影來形容這本書，奧斯瓦爾德和作者團隊所使用的運鏡手法，就像是美國設計師 Charles & Ray Eames 夫妻所拍攝的〈十的次方〉（Powers of Ten），讓讀者能從微觀到巨觀，從覺察與定義問題、測試與驗證產品市場適配，到建立可規模化且獲利的商業模式，並在這個往覆來回的過程中，從使用者與市場等不同面向，不斷檢視調整價值主張的定位與意義。

創新創業大部份是從自我認知的角度出發，進而去設計「認為對別人有用」，或是「很有市場潛力」的東西。但很多時候我們太專注於把東西做出來，搞到最後，我們愛上的是「自己的絕佳點子」，而不是「別人還沒被解決的問題」。我們相信，解決這些困擾的關鍵在於「態度」。如何創造一個過程與環境，讓大家去探索、觀察、同理、換位，進而改變思想與行為，理論與工具才能發揮功效，創新與創意才有機會萌芽茁壯。

這本新書在商業模式的基礎之上，進一步結合了人本思維、設計思考、與精實創業的精髓，清楚鋪陳的架構，對於想要了解完整思維邏輯的人可以流暢的讀下去；而想要解決自己急迫疑惑的人，也能從個別的章節得到啟發，並試著落實書中所設計容易操作的練習。此外，這本書的文字與繪圖淺入深出，讓讀者不需要具備高深的商業知識基礎，也能輕鬆的領會，開始運用。

近來創新創業活動風起雲湧，我們衷心的希望這本書可以給有志者一個務實的指引：要先愛上待解決的問題，而不是自己的解決方案；也請不要愛上你的第一個方案，你需要把想法具象化、執行市場驗證、持續修正。重新學習用腳底感覺地板存在的實踐家精神，在對的階段問對的問題，及早找到願意擁抱你價值主張的客戶！

（本文作者為 Business Models Inc. 方略管理顧問執行長、設計總監）

目錄

1. 價值主張圖

2. 設計

3. 測試

4. 演進

如果你曾經有下面這些經驗，
你會愛上價值主張

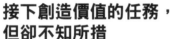

接下創造價值的任務，
但卻不知所措

你可能覺得⋯⋯

· 應該有更好的方法，幫我思考如何為顧客與企業創造價值。

· 我的做法可能不對，對下一步的規劃沒把握。

· 很難真的知道顧客想要的到底是什麼。

· 從（潛在）顧客那裡得到太多資訊，不知道該怎麼梳理。

· 很難跳脫產品與功能，更深入了解如何為顧客創造價值。

· 不了解全貌，各項資訊兜不起來。

因為會議效率不彰和團隊步調
不一致而深感挫折

你覺得團隊⋯⋯

· 缺乏對為顧客創造價值的共同語言與基本認識。

· 會議毫無進展，大家的發言沒有架構，不知所云。

· 做事沒有清楚的流程與方法。

· 只注重技術、產品和功能，而非顧客。

· 開會開到精疲力竭但沒有明確結論。

· 大家的目標與步調不一致。

參與聲勢浩大的計劃，
最後卻失敗收場

你看過那些專案……

· 大膽冒進卻失敗收場，浪費一大筆錢。

· 花力氣修飾、調整企劃案，把幻想美化到好像真實可行。

· 花很多時間詳列試算表，但其實數字全是假設的，最後發現完全偏離事實。

· 花太多時間建構和爭辯構想，卻沒花時間直接測試顧客與利益相關人的反應。

· 意見凌駕現實狀況。

· 欠缺降低風險的明確流程和方法。

· 運用經營管理流程，而不是用發展新構想的流程。

構想好卻做不成，
讓人沮喪

🎯 取得「從失敗到成功」海報

價值主張設計
可以協助你⋯⋯

了解價值創造的模式

用簡單的方法整理顧客需求的相關資訊，看出價值創造模式。因此，你將能更有效的直接針對顧客最重要的任務（jobs）、痛點（pains）、獲益（gains），找出價值主張與設計出可獲利的商業模式。

幫助看清全局

善用團隊成員的經驗和技能

讓你的團隊有共同語言，不再雞同鴨講，進行更多策略性對話和創意練習，大家步調一致。會議會變得比較愉快，充滿能量，獲致可以進一步行動的結論，不只專注在技術、產品、功能上，朝為顧客與企業創造價值的方向前進。

讓團隊步調一致

避免浪費時間在不可行的構想上

你能夠嚴格測試你最重要的假設，以降低失敗風險，即使進行大膽的構想也不會耗盡資源。而且，你形塑新構想的流程會符合任務的特性，也補強既有流程，幫助運作順利。

↓

儘量降低失誤風險

設計、測試，而且實現顧客的期望。

 取得「從失敗到成功」海報

本書的價值主張

由側邊連結
可以取得線上資源。

看到
◉ Strategyzer 符號，
輸入網址，就可以
🏃 上網練習，
⬇ 取得工具／範本，
▣ 下載海報和更多資料。

註：要購買《價值主張年代》才能取得獨家網路資源。請你把書放在
旁邊，以便回答機密問題，證明你購買這本書。

《價值主張年代》
+
《價值主張年代》網路資源

網路 App+ 網路課程
進一步取得專業工具和課程

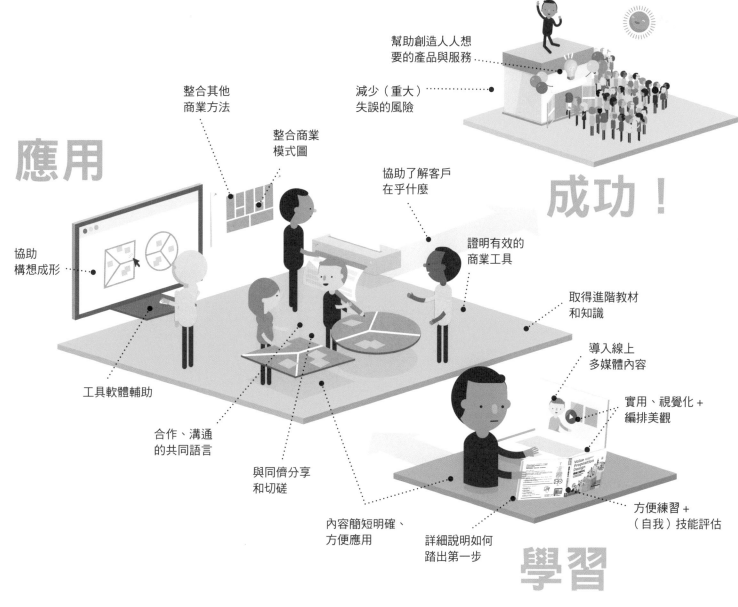

應用

整合其他
商業方法

整合商業
模式圖

幫助創造人人想
要的產品與服務

減少（重大）
失誤的風險

協助了解客戶
在乎什麼

證明有效的
商業工具

協助
構想成形

成功！

取得進階教材
和知識

導入線上
多媒體內容

實用、視覺化＋
編排美觀

工具軟體輔助

合作、溝通
的共同語言

與同儕分享
和切磋

方便練習＋
（自我）技能評估

內容簡短明確、
方便應用

詳細說明如何
踏出第一步

學習

本書的工具和流程

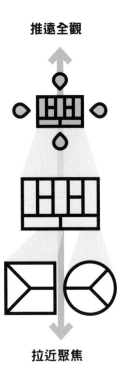

推遠全觀

拉近聚焦

價值主張圖

工具

設計／測試

搜尋

《價值主張年代》的核心，是運用**工具**梳理錯綜複雜的**搜尋**過程，找到滿足顧客需求的價值主張。進入**後搜尋**階段時，仍保持價值主張與顧客需求協調一致。

搜尋顧客的需求是互動的過程，《價值主張年代》教你如何用**價值主張圖**去設計與測試出絕佳的價值主張，價值主張設計沒有終止，你必須不斷演進你的價值主張，讓價值主張持續滿足顧客需求。

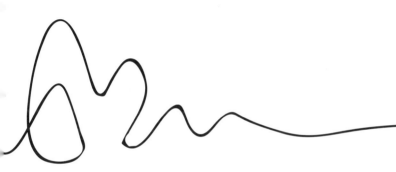

進展

管理價值主張設計雜亂且非線性的過程，有系統地應用適當的工具和流程來降低風險。

演進

後搜尋

一套整合的工具

價值主張圖是本書的核心工具，讓價值主張清晰具體，易於討論和管理。價值主張圖和商業模式圖、環境圖充分整合，後兩項工具在姊妹作《獲利世代》*中詳細討論。這三者組成企劃工具的基礎。

價值主張圖可以拉近聚焦檢視商業模式圖的兩大要素。

* Business Model Generation, Osterwalder and Pigneur, 2010.

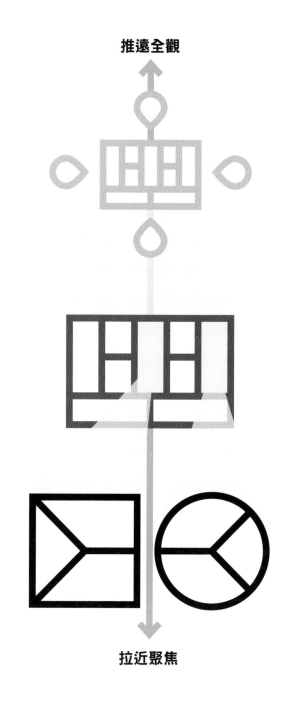

推遠全觀

拉近聚焦

環境圖 Environment Map

協助你
了解你發揮創意的情境

商業模式圖 Business Model Canvas

協助你
為企業創造價值

價值主張圖 Value Proposition Canvas

協助你
為顧客創造價值

複習：商業模式圖

將價值主張嵌入可行的商業模式，為組織獲取價值。為了達到這個目標，你可以使用商業模式圖，描述你的組織如何創造、提供和獲取價值。商業模式圖和價值主張圖完美結合，價值主張圖是組合在商業模式圖中不可或缺的一部分，讓你能放大檢視如何為顧客創造價值。

這兩頁商業模式圖的複習，足以讓你掌握全貌，進而設計出卓越的價值主張。如果你有興趣更深入了解商業模式，可以找線上資源，或是看姐妹作《獲利世代》。

目標客層

公司或組織希望接觸並為其專門設計價值主張、創造價值的人群或組織。

價值主張

為目標客層需求所設計創造的整套產品與服務。

通路

包括透過溝通，將價值主張傳達給目標客層，以及經由配送、銷售管道，與目標客層交流並傳遞價值主張。

顧客關係

描述與不同目標客層是什麼樣的關係、如何維繫關係，並說明如何贏得與維持與每個客層的關係。

收益流

成功的將價值主張提供給顧客，才會產生收益。顧客願意付費，組織才能從創造的價值中獲取收益。

關鍵資源

要生產與傳遞上述各項要素必須擁有的最重要資產。

關鍵活動

組織要創造良好績效必須要做的最重要活動。

關鍵合作夥伴

包括供應商網絡，與能夠引進外部資源與活動的夥伴。

成本結構

商業模式運作會產生的所有成本。

利潤

收益流總和減去成本結構中的成本總和後計算得出的數字。

Business Model Generation, Osterwalder and Pigneur, 2010.

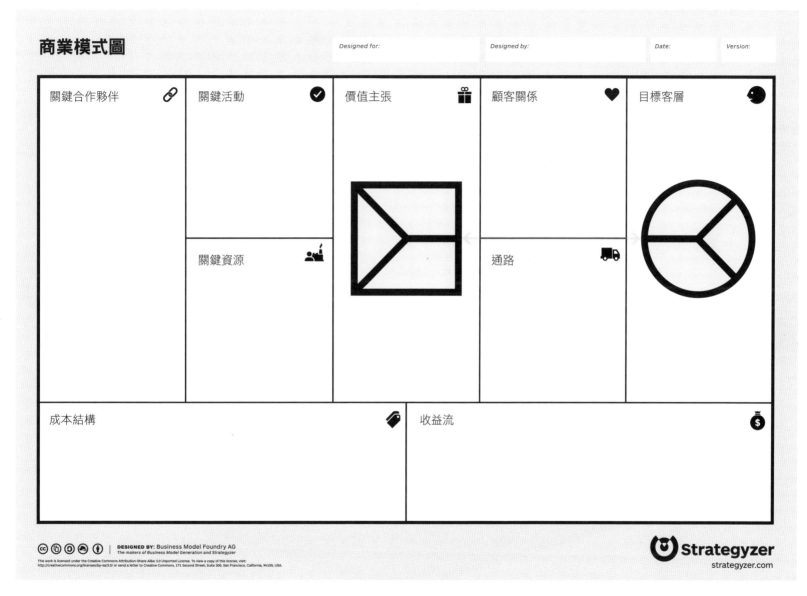

商業模式圖

Designed for: Designed by: Date: Version:

| 關鍵合作夥伴 🔗 | 關鍵活動 ✔ | 價值主張 🎁 | 顧客關係 ❤ | 目標客層 ⬤ |
| | 關鍵資源 | | 通路 🚚 | |

| 成本結構 🏷 | 收益流 💰 |

Strategyzer
strategyzer.com

下載詳細的商業模式圖說明和商業模式圖 pdf 檔

價值主張設計的用處……

你是自己創業，從頭創造價值，還是在組織內創造價值？根據你的「策略戰場」，有些事做起來比較簡單，有些則比較難。

新創企業的創業者與企業內新計劃的領導人各有不同的條件與限制，本書提供的工具兩種情況都適用。你可以根據自己的情況，用不同的方式運用本書的工具，發揮不同的條件，解決不同的困難。

主要挑戰

· 證明你的構想可以在有限的預算下完成。

· 管理投資人的涉入程度（如果你想擴大構想）。

· 在找到正確的價值主張和商業模式之前可能已經把錢燒光了。

新創企業

個人或團隊將從無到有創造出絕佳的價值主張和商業模式。

主要機會

· 有決策迅速和靈活因應的優勢。

· 善用創辦人的動力作為成功的驅力。

既有組織

現有公司的團隊著手改良或重新提出價值主張與商業模式。

 下載「在既有組織創新」的海報。

主要機會

· 以現有價值主張和商業模式為基礎。
· 利用現有資產（銷售、通路，品牌等）。
· 建立商業模式和價值主張的組合。

主要挑戰

· 爭取管理高層的支持。
· 取得資源。
· 處理侵蝕自己既有市場的產品競食（cannibalization）問題。
· 克服風險趨避現象。
· 克服流程緩慢和僵化的問題。
· 要創造重大成果，才能有顯著改變。
· 妥善處理創新者的職涯風險。

Unit A　Unit B　Unit C

Process

使用《價值主張年代》
可以……

開發或改良價值主張。這本書教的工具可以幫助設計全新的
價值主張,也可以幫助管理與更新既有的價值主張(和商業
模式)。運用價值主張和商業模式,在組織裡形成價值創造的
共通語言,持續創新和提升價值主張、持續滿足客層的需
求。這是一個永不停歇的過程。

創新

創造顧客想要的新價值主張,並有可行的商業模式。

改善

管理、評量、挑戰、改進，並更新現有的價值主張和商業模式。

評量你的
價值主張設計能力

上網測試你的價值主張設計能力，看看自己是否具備有系統進行價值主張設計必備的態度和技能。看完全書後再測驗一次，看看自己是否有進步。

 上網確認你的能力：strategyzer.com/vpd/self-assessment

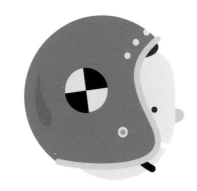

創業知識

你樂於嘗試新事物，不把失敗看成是威脅，反而認為是學習和進步的機會。你能在策略和戰略間自在切換。

工具技能

在搜尋卓越價值主張和商業模式時，你能有系統地運用價值主張圖和商業模式圖，以及其他工具和流程。

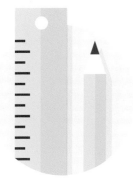

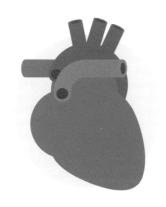

設計思維

在決定和確認實際方向前，你會多方探索各種選項。價值主張的非線性與不斷重複的本質不會對你造成困擾。

顧客同理心

永遠採取顧客觀點，傾聽顧客的看法，而不只是向他們推銷。

實驗技能

你會有系統的尋找支持構想的證據，有系統的測試自己的願景。你在計劃一開始就會開始實驗，了解什麼可行、什麼不可行。

向同事推銷價值主張設計

擔心沒有一套方法追蹤我們在開發新價值主張和商業模式上的進展。

我

擔心我們太專注產品和功能，而不是為顧客創造價值。

在開發新價值主張時，很錯愕我們的產品開發、銷售和行銷竟然整合得這麼差。

訝異我們老做些沒人想要的東西，雖然我們用意良善，點子也不錯。

很失望上次開會討論的價值主張和商業模式沒有得到具體結論。

很訝異上次提出新的價值主張和商業模式的簡報含糊不清。

不敢相信我們浪費一堆資源，前次商業企劃書裡的卓越構想沒測試就上路，結果一敗塗地。

擔心產品開發流程沒有採用更以客為本的作法。

很驚訝我們砸重金研發，卻沒有投資在開發正確價值主張和商業模式。

不確定我們團隊是否有共同的認知，理解究竟什麼是好的價值主張。

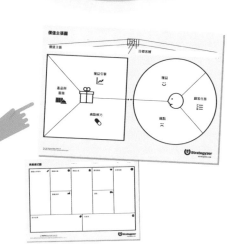

 下載價值主張圖和商業模式圖 10 大論點的投影片。

can

vas

價值主張圖

價值主張圖分成兩部分。第一張圖是顧客素描（customer profile）[p. 10]，釐清你對顧客的了解。第二張圖是價值地圖（value map）[p. 26]，陳述你將如何為顧客創造價值。當價值地圖與顧客素描相吻合，就達到價值適配（fit）[p. 40]。

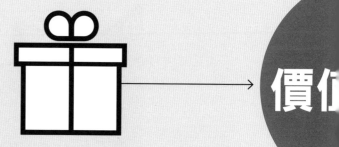

價值創造（create value）

你的價值主張所**設計**、創造出的一套能夠吸引顧客的**利益**（benefits）。

定義

價值主張

描述顧客期待可以從你的產品與服務中得到的利益。

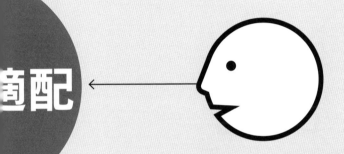

商配

顧客觀察（observe customers）

你**假設**、**觀察**，並且經過市場**驗證**的一套顧客**特質**（characteristics）。

價值地圖

價值（主張）地圖有架構、更詳細的描述商業模式中的某項價值主張的特色，將價值主張進一步拆解為產品、服務、痛點解方（pain relievers）與獲益引擎（gain creators）。

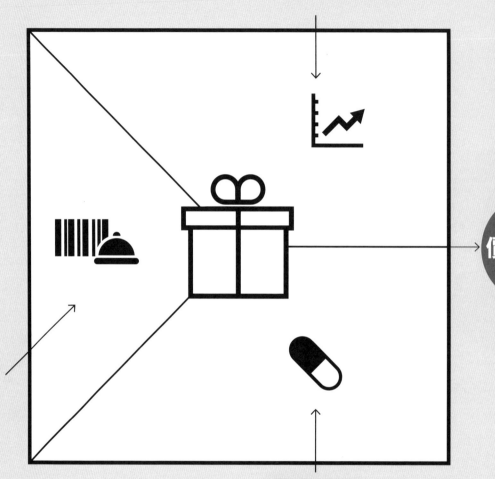

獲益引擎描述你的產品與服務如何為顧客創造利益。

產品與服務是指圍繞著價值主張所設計出的所有產品與服務。

痛點解方描述你的產品和服務如何減輕、解決顧客的困擾、痛苦。

價

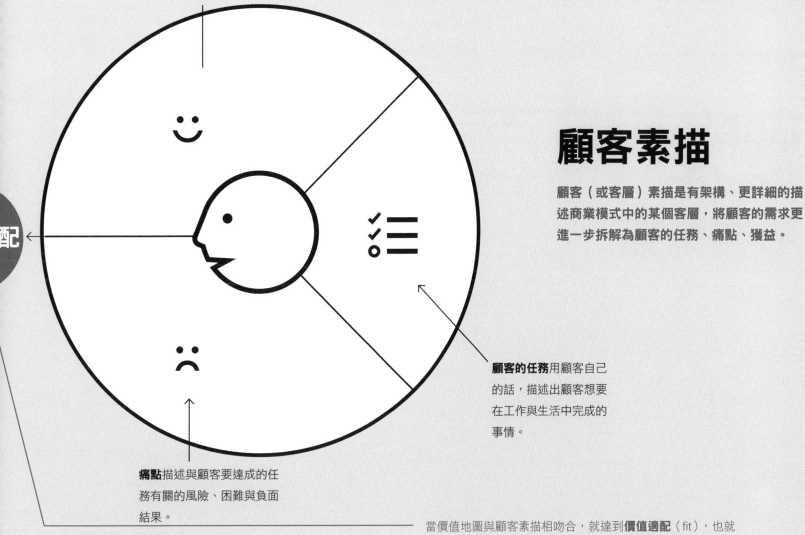

獲益描述顧客想要的結果，
或是顧客尋求的具體利益。

配

顧客素描

顧客（或客層）素描是有架構、更詳細的描述商業模式中的某個客層，將顧客的需求更進一步拆解為顧客的任務、痛點、獲益。

顧客的任務用顧客自己
的話，描述出顧客想要
在工作與生活中完成的
事情。

痛點描述與顧客要達成的任
務有關的風險、困難與負面
結果。

當價值地圖與顧客素描相吻合，就達到**價值適配**（fit），也就
是你的產品與服務所創造的痛點解方與獲益引擎，符合一項
或是多項顧客所重視的任務、痛點、獲益。

1.1

Customer Profile
顧客素描

12

顧客的任務 Customer Jobs

任務是指顧客在工作或生活中想要完成的事情，包括他們想要完成的工作、努力要解決的問題、希望被滿足的需求。在研究顧客任務時，務必從顧客的觀點出發，你認為重要的事情，不見得是顧客真正想要完成的任務。*

　將顧客想完成的三種類型任務與輔助性任務區分清楚：

功能性任務（Functional jobs）

是指顧客想要完成的某項工作或是想要解決的某個問題。例如，在家修剪草坪、在外面吃得健康、完成一份報告、為客戶提供專業服務。

社交性任務（Social jobs）

是指顧客想要在他人眼中呈現的形象，想要顯得體面，或是獲得權力、地位。例如，在別人眼中顯得時尚、被客戶認為有專業能力。

個人／情緒性任務（Personal ／ emotional jobs）

是指顧客想要的情緒狀態，像是覺得舒服、有安全感。例如，在投資上感覺安心、在工作上覺得工作有保障。

輔助性任務（Supporting jobs）

是指顧客在購買與消費價值的過程中也需要完成的輔助性任務。輔助性任務通常來自下列這三種角色：

· 價值採購者（buyer of value）：採購過程中的相關輔助性任務，包括比價、決定購買什麼商品、排隊結帳、完成交易、提領商品或取得服務。

· 價值共同創造者（cocreator of value）：與組織共同創造價值有關的任務，例如上網張貼產品評語與反饋，或參與產品與服務的設計。

· 價值轉移者（transferrer of value）：是指與價值主張生命週期末端相關的任務，例如取消訂閱、丟棄銷毀、轉送或轉售商品。

＊「要完成的任務」（jobs to be done）這概念分別由幾位管理思想家發展出來，包括顧問公司 Strategyn 的伍維克（Anthony Ulwick），顧問裴迪（Rick Pedi）和莫耶斯塔（Bob Moesta），德保羅大學（DePaul University）教授尼特豪斯（Denise Nitterhouse）。後來由克里斯汀生（Clay Christensen）和他的顧問公司 Innosight 以及伍維克的 Strategyn 推廣。

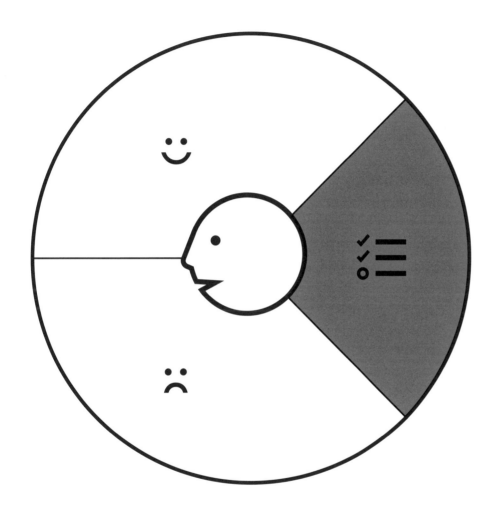

任務情境（Job context）

顧客的任務與情境密切相關，情境有不同的條件與限制。例如在飛機上打電話與在火車上或開車途中打電話的情境不同；帶小孩看電影不同於跟伴侶看電影。

任務重要性

顧客並不認為所有任務都一樣重要，這點很重要。有些任務對顧客的工作和生活比較重要，做不到可能有嚴重後果；有些任務無關緊要，顧客更重視其他事情；有時候顧客重視某項任務，不是任務本身，而是因為任務發生的頻率高，或是任務會造成想要或不想要的結果。

＋
重要

無關緊要
—

下載觸發式問題，幫助找出顧客的任務。

顧客的痛點 Customer Pains

痛點是指顧客在完成任務之前、期間、之後所有
的擾人問題，就是讓顧客無法完成任務的所有問
題。痛點也是指風險、可能出現的壞結果，任務
結果糟糕、或根本無法完成。

找出顧客三大痛點，了解顧客的痛點程度：

不想要的結果、問題和特性

包括功能性痛點（例如解決方案行不通、進行不
順利或有負面效果）、社交性的痛點（這樣做有
損顏面）、情緒性痛點（每次做都不開心），或
是處理事情時伴隨而至的痛點（為這件事到店裡
去很煩）。也包括顧客不喜歡的特質（例如「在
健身房跑步很無聊」或「設計得太醜」）。

障礙

是指讓顧客根本無法開始進行任務，或是拖累進
度的事（例如，「我沒有時間好好完成任務」。
又如，「我無力負擔既有的解決方案」）。

風險（不想要的結果）

哪些事情可能出錯，而且有嚴重後果（例如，
「如果採用這種解決方式，我的信用也許會蕩然
無存」，又如，「出現安全漏洞可能使我們損失
慘重」）。

痛點嚴重性

顧客可能感受到極痛苦或普通痛
苦，這就像任務可能很重要或無
關緊要。

極痛點

普通

祕訣：讓痛點具體化

描述愈具體愈好，才能清楚區分任務、痛點與獲
益。例如，顧客說：「排隊很浪費時間」，要問
顧客，排了幾分鐘開始覺得浪費時間，你就可以
記錄「排隊浪費超過 X 分鐘」。了解顧客到底如
何評量痛苦的程度，你就可以在價值主張中設計
更有效的痛點解方。

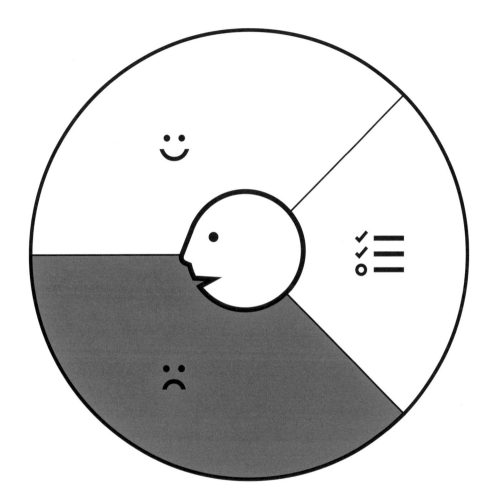

下列觸發式問題幫助你思考顧客的潛在痛點：

· 顧客為什麼覺得成本太高？是要花很多時間、很多錢，或必須投入大量心力？

· 哪些事情會讓顧客不舒服？什麼會讓他們沮喪、煩躁或頭痛？

· 目前的價值主張哪裡不夠好？欠缺哪些功能？哪些價值主張的成果令顧客不耐，或是讓他們抱怨功能不彰？

· 顧客碰到的主要困難和挑戰是什麼？他們是否了解如何使用、是否無法完成某些部分，或因為特殊理由而抗拒某些部分？

· 顧客遭遇或畏懼哪些人際關係的負面影響？他們怕丟臉、權力旁落、失去信任或地位嗎？

· 顧客擔心哪些風險？他們害怕財務、人際關係或技術面的風險嗎？或者，他們會省思哪裡可能出錯嗎？

· 是什麼讓顧客輾轉難眠？他們在意哪些問題、憂慮和煩惱？

· 顧客常犯的錯誤是什麼？是否錯用解決方案？

· 哪些是阻撓顧客接受價值主張的障礙？是否要付出前期投資、學習曲線陡峭，或有其他路障？

💿 下載觸發式問題。

顧客的獲益 Customer Gains

獲益是顧客想要的結果和利益。有些獲益是顧客堅持、預期或渴求的，有些獲益則在意料之外。獲益包括功能效益、社交利益、正面情緒，和成本節省。

顧客獲益的四大類型：

必要獲益（Required gains）

解決方案絕不可沒有的功能。例如我們對智慧型手機最基本的期待是至少可以打電話。

預期獲益（Experted gains）

雖然不是絕不可或缺，但是顧客仍期待解決方案可以有這些效益。例如蘋果公司（Apple）推出的 iPhone 被預期設計精良且外型亮麗。

渴求獲益（Desired gains）

基本期待之外，顧客會愛上的功能或獲益。如果你詢問顧客的建議，他們會把這些渴望告訴你。例如我們渴望智慧型手機能夠與其他裝置無縫整合。

意料外獲益（Unexperted gains）

這些是超越顧客預期和渴求的獲益，但就算你問顧客，顧客也想不到。例如在蘋果把觸控螢幕和應用程式商店帶進主流市場之前，沒人料到這會是手機的一部分。

獲益必要性

顧客獲益可能「不可或缺」，也可能「可有可無」，就像痛點也有不同的痛苦程度。

＋
不可或缺

可有可無
－

祕訣：讓獲益具體化

就像痛點一樣，獲益的描述愈具體愈好，才能清楚區分任務、痛點與獲益。當顧客形容預期獲益是「表現變得比較好」時，詢問他們的預期和夢想為何。這樣一來，你可以記錄「樂見表現提升至優於 X」。當你了解顧客究竟如何評量獲益（結果與利益），你就可以在價值主張裡設計出更有效的獲益引擎。

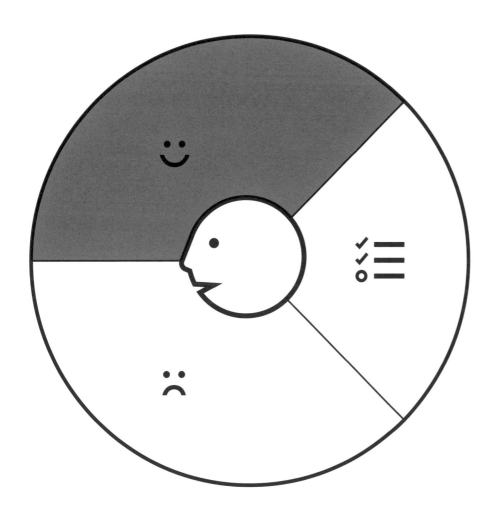

下列觸發式問題可以幫助你思考各種潛在顧客獲益：

· 省下哪些東西會讓顧客開心？他們比較在乎省時、省錢，還是省力？

· 他們期待怎樣的品質水準，想要多點什麼或少點什麼？

· 目前的價值主張顧客滿意嗎？他們最喜歡哪些功能，期待怎樣的表現和品質？

· 怎樣會讓顧客的工作和生活更輕鬆？讓學習曲線降低、服務更全面，或者支付成本更低？

· 顧客想要哪些正面的社交獲益？什麼可以讓他們有面子，提升權勢或地位？

· 顧客最大的期待是什麼？他們在找精良設計、產品保證、特定功能或更多的功能？

· 顧客的夢想是什麼？想達成什麼目標，或什麼會讓他們大大鬆一口氣？

· 顧客如何評量成敗？如何評估績效和成本？

· 哪些情況會提升顧客採納價值主張的機率？他們想要更低的成本、更少的投資、更小的風險，或是更好的品質？

💿 下載觸發式問題。

「商管書讀者」素描

我們用本書的潛在讀者為例，來解釋顧客素描。我們的目標是為一般商務人士設計創新、整體的價值主張，所以素描的內容不僅僅是顧客閱讀的任務、痛點與獲益。

右側整理出來的顧客素描來自我們和工作坊學員多次的訪談和幾千次的互動。然而，不一定要從已知的顧客經驗出發。你也可以根據你認為潛在顧客的樣貌來勾勒顧客需求，開始探索新點子。拿你對顧客的任務、痛點和獲益的假設開始準備顧客訪談和測試，是很好的開始。

獲益是顧客要求或是渴求的結果、利益與特質，是任務的結果，是顧客期待價值主張具備的某些特質、能協助他們完成任務。

顧客的痛點和獲益能描述得愈明確具體愈好。例如「我的行業」比「我的相關資訊」要具體。請教顧客，他們如何看待獲益和痛點。深入研究他們如何評量任務的成敗。

一定要深入了解顧客。如果你的顧客素描圖上只有幾張便利貼，你對顧客可能不夠了解。盡可能挖掘顧客想要完成的任務、痛點、獲益，搜尋範圍要超過你的價值主張。

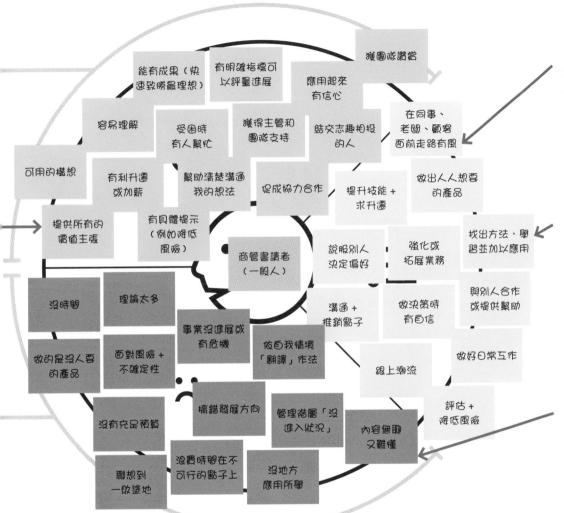

除了較容易辨認的功能性任務之外，你還應該要知道顧客的社交性任務和情緒性任務。

對顧客任務的了解不能只停留在表面。顧客為什麼要「學習新知」？也許他們是想「將新作法帶進組織」。多問幾次「為什麼」，以便找出最重要的任務。

不能只看與你所想的價值主張或產品相關的顧客任務、痛點與獲益。除了要找出直接相關的痛點（例如「商管書太長篇大論」），也找出其他顧客的椎心之痛（例如「沒時間」或「爭取老闆注意」）。

將顧客的任務、痛點和獲益排順序

顧客偏好各有不同，你必須了解顧客心中的優先順序。弄清楚大多數人認定哪些任務重要、哪些無關緊要；哪些痛點是椎心之痛、哪些只是普通痛點；哪些獲益不可或缺、哪些可有可無。

價值主張要能夠回應顧客真正在意的事情，排出任務、痛點、獲益的重要性順序非常重要。要挖掘出顧客真正在意的事情當然很困難，但是每次與顧客的互動與實驗，都可以增加對顧客的了解。

如果一開始是用你自己的想法，根據你認為哪些事情對潛在顧客最重要來排序，那也沒關係，只要你持續不斷測試，直到排序能真實反映顧客觀點為止。

任務重要性
根據顧客認定的重要程度，為任務排順序

痛點嚴重性
根據顧客眼中的嚴重程度，為痛點排順序

獲益必要性
根據顧客眼中的必要程度，為獲益排順序

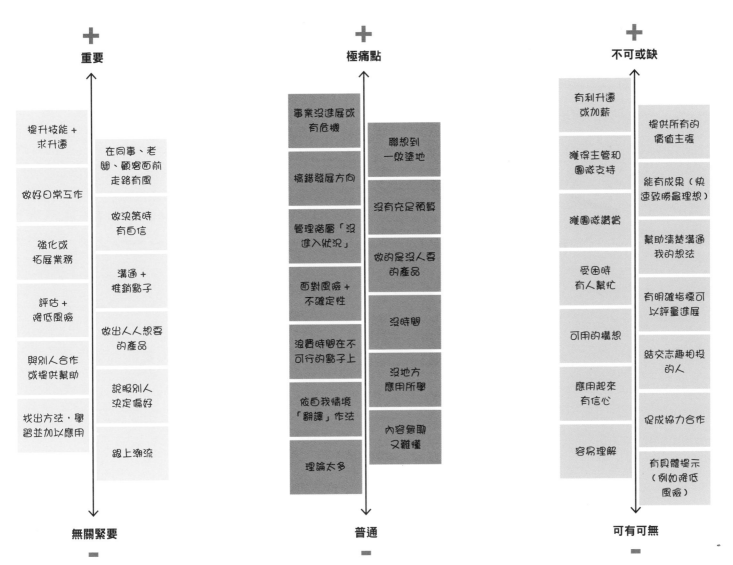

重要

提升技能 +
求升遷

在同事、老
闆、顧客面前
走路有風

做好日常工作

做決策時
有自信

強化或
拓展業務

溝通 +
推銷點子

評估 +
降低風險

做出人人想要
的產品

與別人合作
或提供幫助

說服別人
決定偏好

找出方法，學
習並加以應用

跟上潮流

無關緊要

極痛點

事業沒進展或
有危機

聯想到
一敗塗地

搞錯發展方向

沒有充足預算

管理階層「沒
進入狀況」

做的是沒人要
的產品

面對風險 +
不確定性

沒時間

浪費時間在不
可行的點子上

沒地方
應用所學

依自我情境
「翻譯」作法

內容無聊
又難懂

理論太多

普通

不可或缺

有利升遷
或加薪

提供所有的
價值主張

獲得主管和
團隊支持

能有成果（快
速致勝最理想）

獲團隊讚賞

幫助清楚溝通
我的想法

受困時
有人幫忙

有明確指標可
以評量進展

可用的構想

結交志趣相投
的人

應用起來
有信心

促成協力合作

容易理解

有具體提示
（例如降低
風險）

可有可無

站在顧客的立場思考

目標
用可分享的形式，視覺化呈現顧客在意的事

成果
寫成一頁可以採取行動的顧客素描

你有多了解顧客的任務、痛點和獲益？請畫出一份顧客素描。

說明
拿現有的目標客層來練習顧客素描。如果你正要發想新構想，就描繪你想創造價值的目標客層。

1. 下載顧客素描圖
2. 拿一疊小張便利貼
3. 完成顧客素描

    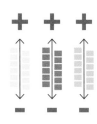

1
選擇目標客層
選擇你想描繪的客層

2
找出顧客的任務
詢問你的顧客想完成什麼任務。一張便利貼寫上一項任務，完成任務素描。

3
找出顧客的痛點
你的顧客有哪些痛點？把想得到的痛點儘可能寫下來，包括阻礙和風險。

4
找出顧客獲益
你的顧客想要獲得什麼樣的結果和利益？把想得到的獲益儘可能寫下來。

5
為任務、痛點和獲益排順序
將任務、痛點和獲益分欄排順序，把最重要的任務、最深切的痛點和最不可或缺的獲益擺最上面，不是很嚴重的痛點和可有可無的獲益排最下面。

⊕ 請上網練習

顧客素描

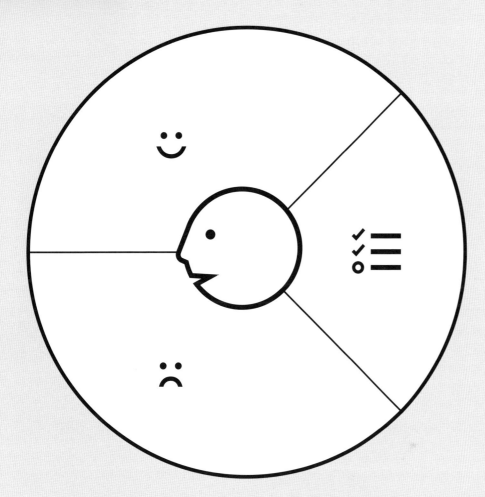

 **Strategyzer**

下載顧客素描圖 pdf 檔

描繪顧客的任務、痛點和獲益的最佳實務

✗ 常見錯誤

- 把好幾個顧客層混合分析在同一張顧客素描上。

- 任務和結果不分。

- 只專注功能性任務，忘記社交性任務和情緒性任務。

- 依自己心裡的價值主張列出任務、痛點和獲益。

- 列出的顧客任務、痛點和獲益太少。

- 對痛點和獲益的描述太過含糊攏統。

✔ 最佳實務

- 每個目標客層分別做一份價值主張圖。如果你的客戶是企業，再問自己，每家企業裡是否有不同類型的顧客。（例如，使用者和採購者）

- 顧客的任務是顧客想要完成的工作、想要解決的問題，或是想要被滿足的需求，顧客獲益就是他們想達成的具體結果，或是設法避免、消除的痛點。

- 有時候，社交性任務或情緒性任務比「外顯」的功能性任務更重要。「在別人面前有面子」可能比有效完成任務的卓越技術方案更重要。

- 完成顧客素描後，接下來要像人類學家一樣，「忘記」自己心中的主張。例如商管書出版社不該只列出和書籍相關的顧客任務、痛點和獲益，因為讀者的選擇包括商管書、顧問、Youtube影片，甚至完成MBA課程或接受訓練等。要跳出你原先想的價值主張，去找顧客的任務、痛點、獲益。

- 好的顧客素描會貼滿便利貼，因為大部分顧客有許多痛點，也渴求許多獲益。列舉你的（潛在）顧客所有的重要任務、嚴重痛點和不可或缺的獲益。

- 讓顧客的痛點和獲益具體可見。顧客獲益不要只寫「加薪」，而是表明顧客想增加多少薪水。顧客的痛點不要只寫「花太多時間」，要說清楚「太多時間」是多久。這會讓你理解顧客到底如何評量成功或失敗。

痛點 vs. 獲益

一開始進行顧客素描時，你可能會把同一件事的正反兩面分別列為痛點和獲益。例如，如果一位顧客想要完成的任務是「賺更多錢」，你也許會在顧客獲益欄裡寫下「加薪」，顧客的痛點欄裡寫下「減薪」。

更好的做法是：

· 精確找出要加薪多少才算是獲益，減薪多少才稱得上痛點。

· 在顧客的痛點欄裡列入阻撓完成任務或增加困難度的障礙。在這個案例，顧客的痛點可能是「雇主從不加薪」。

· 在顧客的痛點欄裡列入沒有完成任務的相關風險。在這個案例裡，顧客的痛點也許是「可能無力負擔小孩未來的大學學費」。

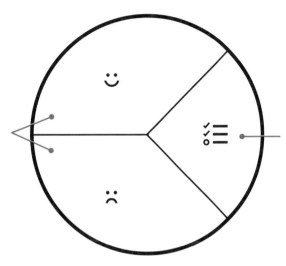

多問幾次「為什麼」，直到你真正了解顧客想要完成的任務為止。

一開始進行顧客素描會遇到的另一個問題是，你對顧客的了解可能只停在表層。要避免這個狀況，你必須不斷問自己，顧客為什麼想做某件事，深入挖掘出真正的動機。

例如，顧客為什麼會想學外語。也許顧客「真正」的任務是想讓履歷表變得更漂亮。為什麼顧客想要讓履歷表更漂亮？也許他想增加收入。

要不停問，直到真正了解驅動顧客的深層目的。

1.2

Value Map
價值地圖

產品與服務

列出你提供給顧客的所有項目，就像是顧客在你的櫥窗裡面看到的所有商品清單，列出你的價值主張中所有的產品與服務。這一整套產品與服務讓顧客完成他的功能性任務、社交性任務或是情緒性任務，或是滿足他們的基本需求。一定要了解，產品與服務本身不能創造價值，產品與服務必須符合顧客層的任務、痛點與獲益，才會產生價值。

你列出的產品和服務也可能包括輔助性的產品與服務，協助顧客完成不同的角色，如採購者（幫顧客比價、決定和採購）、價值共同創造者（幫顧客共同設計價值主張）和價值移轉者（幫顧客處置產品）。

你的價值主張可能由不同類型的產品與服務組成：

有形的
貨品，例如製造出來的產品

無形的
例如版權或售後服務。

數位的
如音樂下載或線上諮詢服務。

金融的
如投資基金和保險之類的產品，或融資等服務。

必要性程度
務必要知道，並非所有產品與服務對你的顧客都同樣重要。有些產品與服務對你的價值主張而言不可或缺，有些只是可有可無、沒有也沒關係。

不可或缺

可有可無

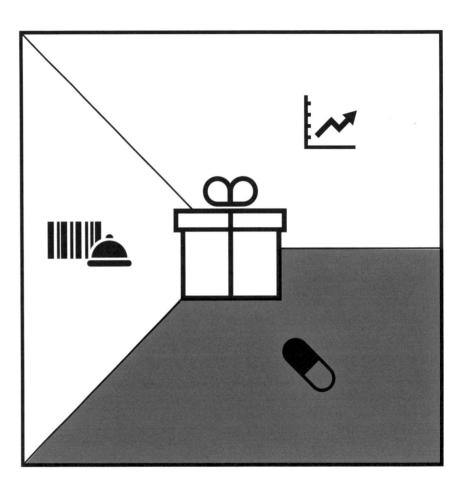

痛點解方 Pain Relievers

痛點解方描述你的產品與服務如何減少顧客的某項痛點，清楚說明如何降低或消除顧客要完成任務之前、期間、之後有的困擾，或是降低或消除讓顧客根本無法進行任務的因素。

卓越的價值主張專注在顧客重要的痛點上，尤其是椎心之痛。你不必為顧客素描中找到的每項痛點都提出痛點解方，沒有任何價值主張能做到這件事。卓越的價值主張通常只專注在它們特別有效的痛點上。

下列觸發式問題可以協助你思考你的產品與服務有哪些不同的方式，降低或消除顧客的痛點。

問問自己：你的產品與服務能否……

· 更省時、省錢、省力？
· 消除讓顧客頭疼的挫折和煩擾，使你的顧客更愉快？
· 引進新功能、強化表現或提升品質，改進成效欠佳的解決方案？
· 讓事情變簡單或破除障礙，解決顧客遭遇的困難和挑戰？
· 讓顧客害怕的負面社交結果一掃而空，例如沒面子，或失去權力、信任和地位？
· 消除顧客擔心的風險，如金融風險、人際關係風險、技術風險，或可能出錯的事？
· 處理重要議題、解決顧慮或消除煩惱，讓顧客可以安心入眠？
· 協助顧客正確使用解決方案，減少或改正常犯的錯誤？
· 降低或免除前期投資、降低學習曲線，或消除其他障礙，讓顧客更容易接受你的價值主張？

解方重要性

解方對顧客的重要性或高或低。你要區分不可或缺的解方，與有也很好、可有可無的解方。不可或缺的解方通常針對非常嚴重的痛點、做極大的改變、創造很高的價值；有也很好的解方則處理一般的痛點。

不可或缺

↕

可有可無

🔵 下載觸發式問題

獲益引擎 Gain Creators

獲益引擎說明你的產品與服務如何為顧客創造獲益，清楚描述你如何創造顧客期待、渴望、意想不到的結果與利益，包括實用功能、社交獲益、正面情緒與節省成本。

和痛點解方一樣，獲益引擎不必處理顧客素描中找到的所有獲益，專注在顧客重視，而且你的產品與服務特別能發揮的部分就好。

下列觸發式問題幫助你思考你的產品與服務有什麼不同的運用方式，可以協助顧客得到不可或缺的、期望的、渴望的、意想不到的結果與利益。

問問自己：你的產品與服務能否……

· 省時、省錢、省力，讓顧客開心？
· 經由品質，或是多加一點、減少一些要素，創造出顧客期待或是意想不到的結果？
· 在特定功能、表現或品質上比目前的價值主張更好，而且讓顧客滿意？
· 因為更好用、更方便、更低價或服務更好，讓顧客的工作和生活變得比較輕鬆？
· 讓顧客有面子或是提高權勢地位，創造正面的社交結果？
· 達到顧客正在尋求的特定條件，如精良設計、售後保證或更多特色？
· 協助顧客達成抱負或脫離困頓，實現夢想？
· 創造正面的成果，符合顧客認定成功的標準？像是績效提升和成本降低。
· 透過較低的成本、較少的投資、較少的風險、較好的品質、較好的表現或較優的設計，讓顧客更樂於採行價值主張？

⊕ 下載觸發式問題

引擎重要性

獲益引擎對顧客的重要性或高或低。你要區分不可或缺的獲益引擎，與有也很好、可有可無的獲益引擎。

不可或缺

可有可無

研擬
《價值主張年代》
的價值主張

出色的價值主張專注在對顧客至關重要的任務、痛點和獲益，而且效益卓著。再次強調，你不該嘗試處理所有的痛點和獲益，專注在對顧客重要、特別有感的部分就好。

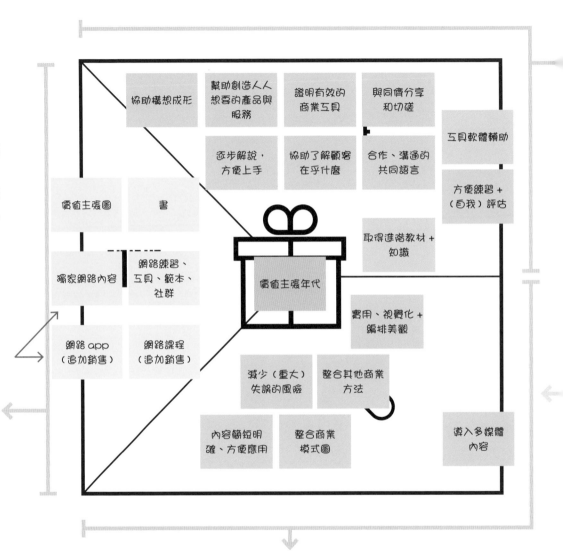

將數個價值主張集結在一起也無妨。

為某個客層設計的價值主張中的「原始」產品與服務。

痛點解方說明你的產品與服務如何消除顧客的痛點。每個痛點解方處理至少一個或更多的痛點或獲益。別在這裡寫上你的產品與服務。

獲益引擎強調你的產品與服務如何
協助顧客獲益。每個獲益引擎處理
至少一個或更多的痛點或獲益，別
在這裡寫上你的產品與服務。

我們相信本書提及的產
品與服務能為顧客創造
價值的正式說明圖。

描繪你的產品與服務如何創造價值

目標
清楚描述你的產品與
服務如何創造價值

成果
一頁的價值創造地圖

使用說明

從你目前的價值主張中挑出一個來畫價值地圖。
例如，你之前練習顧客素描時的目標客層，就針
對那個客層的價值主張來練習。從目前的價值主
張著手比較簡單，如果沒有現成的價值主張，就
用新構想草擬一個可以創造的價值主張，這在稍
後會更具體的討論。

現在可以：

1. 拿一份先前完成的顧客素描。

2. 下載價值地圖。

3. 拿一疊小張的便利貼。

4. 開始描繪你如何為顧客創造價值。

下載價值地圖的 pdf 檔

價值地圖

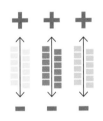

1

列舉產品與服務

列舉現有價值主張的所有產品與服務。

2

說明痛點解方

說明你的產品與服務目前如何藉由消除非預期的結果、障礙或風險，協助顧客減少痛點。每個痛點解方用一張便利貼。

3

說明獲益引擎

解釋你的產品與服務目前是如何為顧客創造預期或渴求的結果和利益。每個獲益引擎用一張便利貼。

4

依重要性排順序

根據對顧客的必要性，為產品與服務、痛點解方和獲益引擎排順序。

38

痛點解方 vs. 獲益引擎

痛點解方和獲益引擎以不同的方式為顧客創造價值。痛點解方專門處理顧客素描中的痛點，而獲益引擎專門處理獲益，如果能同時處理痛點和獲益也無妨。這兩個區塊的主要目標是，明確表達產品與服務創造出來的顧客價值。

與顧客素描中的痛點和獲益有何不同？

痛點解方和獲益引擎與痛點和獲益不同。你能控制痛點解方和獲益引擎，卻不能控制痛點和獲益。你決定（也就是設計）藉由進行特定任務、痛點和獲益來創造價值，但不能決定顧客會有什麼任務、痛點和獲益。而且沒有價值主張可以處理顧客所有的任務、痛點和獲益。高手會處理顧客覺得重要的事，而且成效卓著。

價值創造描繪的最佳實務

✘ 常見錯誤

· 不分客層列舉所有產品與服務。

· 在痛點解方和獲益引擎欄上列出你的產品與服務。

· 提供的痛點解方和獲益引擎與顧客素描裡的痛點和獲益絲毫無關。

· 不切實際的嘗試解決顧客所有的痛點和獲益。

✔ 最佳實務

· 產品與服務僅在連結特定客層時才能創造價值。只列舉為特定客層組合成價值主張的產品與服務。

· 痛點解方和獲益引擎凸顯產品和服務創造的價值。例如「幫助節省時間」和「設計精良」。

· 切記，產品與服務創造的價值不是絕對的。價值端視顧客對任務、痛點和獲益的重要性而定。

· 請了解，卓越的價值主張需要選擇該處理哪些任務、痛點和獲益，又該放棄哪些。沒有任何價值主張可以面面俱到。如果你的價值地圖顯示要解決所有問題，很可能是因為你並沒有誠實面對顧客素描裡的所有任務、痛點和獲益。

1.3

Fit
價值適配

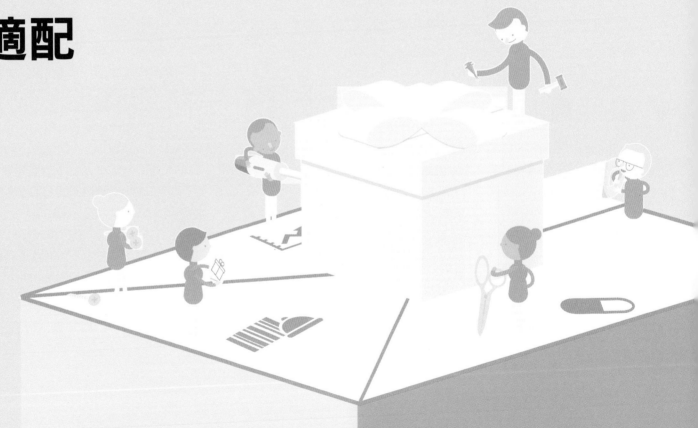

42

價值適配

當你回應顧客認為重要的任務、消除椎心之痛點、創造顧客重視的必要獲益，就達到了價值適配，顧客對你的價值主張會非常興奮。本書會持續探討，找到價值適配不但不容易，達到適配也很難持續維持。不斷努力追求價值適配正是價值主張設計的精髓。

顧客有許多痛點，沒有一個組織能處理所有痛點，請專注在最令人頭疼且著力不夠深的痛點上。

你處理的是顧客不可或缺的獲益嗎?

配

你處理的是顧客深切感受到的痛點嗎?

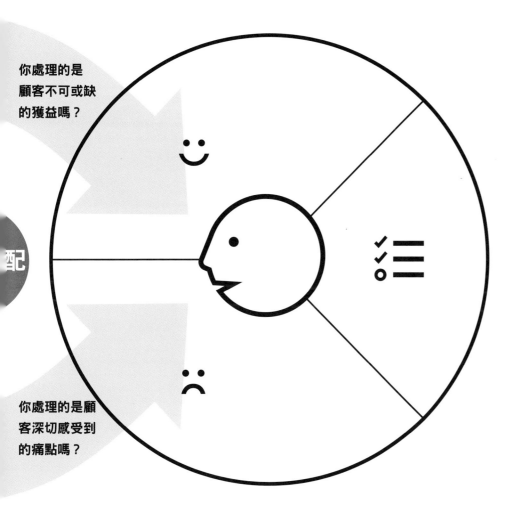

顧客是評判價值主張的法官、陪審團和行刑者。如果達不到價值適配,顧客對你絕不留情!

44

本書達到了
價值適配嗎？

我們在為本書設計價值主張時，努力
要處理潛在顧客碰到、但目前出版的
商管書未能充分回應的重要任務、痛
點和獲益。

**打勾的地方表示消除顧客的痛點
或創造獲益的產品或服務，並直
接回應一項顧客的任務、痛點和
獲益。**

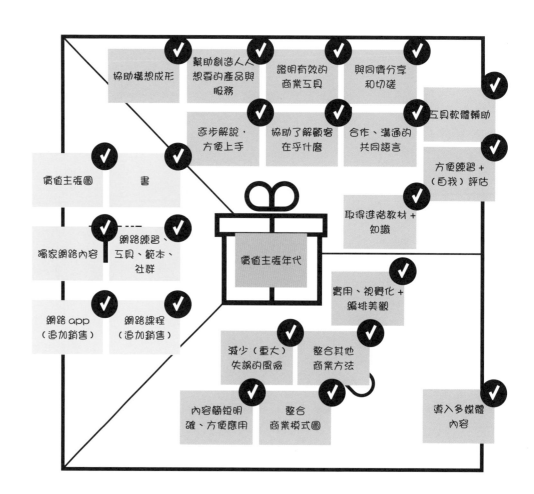

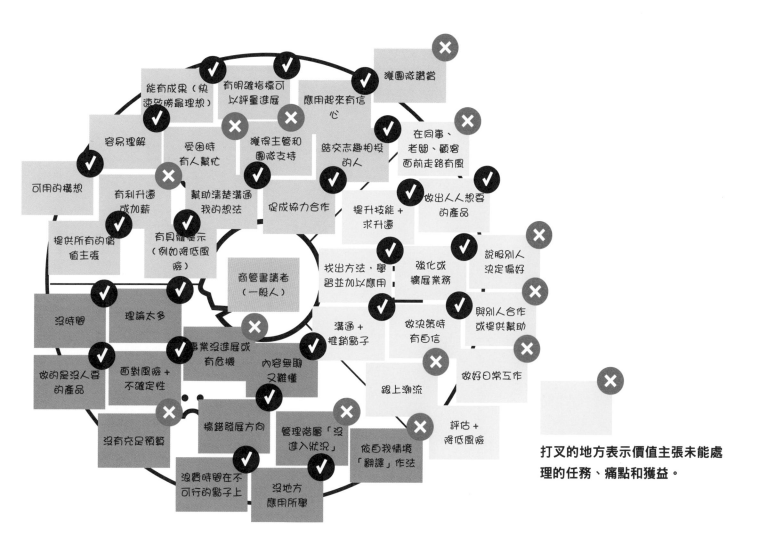

打叉的地方表示價值主張未能處
理的任務、痛點和獲益。

價值適配檢查

目標
確認你處理的是顧客
覺得重要的事

成果
你的產品與服務呼應
顧客的任務、痛點和
獲益

 上網練習

1

說明

拿出稍早完成的價值主張圖和目標客層素描圖，
逐項研究痛點解方和獲益引擎，檢視他們是否與
顧客的任務、痛點或獲益達成價值適配，在達成
適配的項目上打勾。

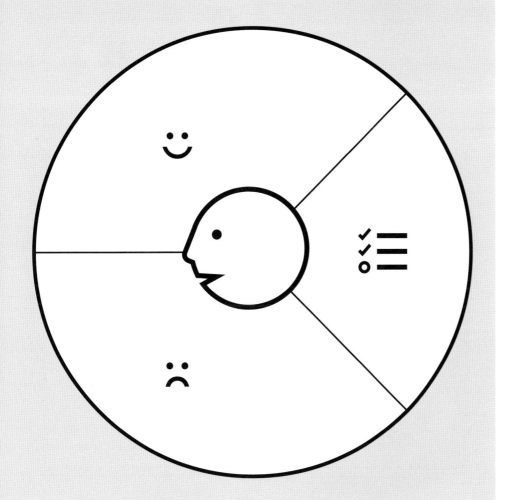

STRATEGYZER.COM / VPD / CANVAS / 1.3

2

產出

一項痛點解方與獲益引擎如果不呼應任何一項顧客的痛苦或獲益，那就沒有創造顧客價值。如果你還不能在每一項痛點與獲益上打勾，別擔心，你本來就無法滿足所有的需求。你只要自問：我的價值主張與顧客的適配度到底有多高？

⚙ 下載價值主張圖 pdf 檔

三種價值適配

整合產品與服務設計價值主張的過程，就是搜尋價值適配的過程，呼應顧客真正重視的任務、痛點與獲益。成功的價值主張，首要條件就是企業提供的產品與服務，正吻合顧客的需求。

價值適配分三個階段。第一階段，你的價值主張可以回應顧客的任務、痛點與獲益，新創圈稱之為問題和解決方案適配。第二階段，你的價值主張得到顧客正面反應，吸引市場，創業圈稱之為產品和市場適配。第三階段是找到可擴展、可獲利的商業模式。

○ 取得「價值適配」海報

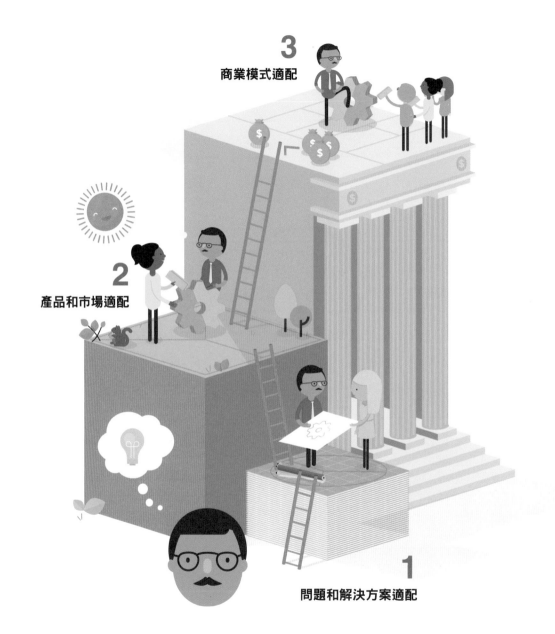

3 商業模式適配

2 產品和市場適配

1 問題和解決方案適配

紙上談兵 ⟶　市場驗證 ⟶　獲利潛力 ⟶

1. 問題和解決方案適配

問題和解決方案達到價值適配,是當你:

· 證明顧客在乎特定的任務、痛點和獲益。

· 設計出呼應這些任務、痛點和獲益的價值主張。

在這個階段,你還沒有證據顯示顧客在乎你的價值主張。

　這個階段,你努力辨認出顧客最在乎的任務、痛點和獲益,並根據這些資料設計價值主張。你為很多價值主張選項製作原型,以便找到最價值適配的選項。你的結論沒有經過驗證,主要還是停留在紙上談兵。下一步,找出顧客看重你的價值主張的證據,不然就重新設計新的價值主張。

2. 產品和市場適配

產品和市場達到價值適配,是當你:

· 有證據證明,你的產品與服務、痛點解方和獲益引擎真的能為顧客創造價值,並具有市場吸引力。

在第二階段,你努力確認那些支撐價值主張的假設是否有效。無可避免地,你會發現許多早期的構想無法為顧客創造價值(也就是說,顧客並不在乎),必須再設計新的價值主張。找出第二階段的價值適配是反覆而漫長的過程,無法一蹴可幾。

3. 商業模式適配

達到商業模式適配,是當你:

· 有證據證明,你的價值主張能嵌入一個可擴展、可獲利的商業模式之中。

卓越的價值主張無法搭配卓越的商業模式,可能意味財務表現欠佳,甚至可能導致失敗。不管價值主張有多好,欠缺健全商業模式就無法倖存。

　找尋適配的商業模式是困難的工作,要在設計出為顧客創造價值的價值主張,以及為組織創造價值的商業模式之間,來來回回、反覆推敲。商業模式適配有個必要條件:價值主張創造出來的營收必須比創造和交付價值主張產生的成本還高。(也可能有「多個」價值主張,例如平台模式,就會有多個相互依存的價值主張)。

企業對企業（B2B）的顧客素描

B2B 交易的價值主張一般會涉及好幾個利益相關人，涵蓋搜尋、評估、採購與使用產品或服務等部分，不同利益相關人有不同的素描，也有不同的任務、痛點與獲益。每個利益相關人都能夠左右採購決定，因此，要找出對不同利益相關人最重要的事情，為每個人畫出價值主張圖。

顧客素描會因組織所在的產業和規模大小而略有差異，但通常有下列角色：

合併的

價值主張　　　　　　　事業部門

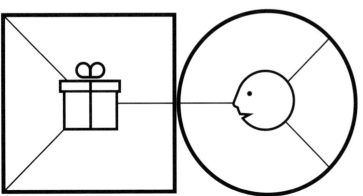

個別的

給企業裡不同利益相關人的價值主張

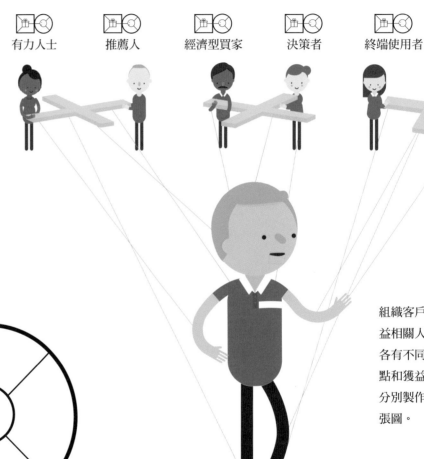

| 有力人士 | 推薦人 | 經濟型買家 | 決策者 | 終端使用者 | 破壞者 |

組織客戶是由不同利益相關人組成，他們各有不同的任務、痛點和獲益。為每個人分別製作一份價值主張圖。

Adapted from Steve Blank, The Four Steps to the Epiphany, 2006.

有力人士

決策者認為意見有份量並願意遵循其意見的個人或團體，有時候是私下詢問意見。

推薦人

負責搜尋和評估，對是否採購做成正式建議的人。

經濟型買家

控制預算且真正進行採購的個人或團體，他們擔心的通常是財務表現和預算如何創造最大效益。

　在某些情況下，經濟型買家是組織外的人，例如為養老院醫療器材買單的是政府，就是不在養老院之內的買家。

決策者

最終決定產品／服務，以及下購買訂單的個人或團體。決策者常握有預算的最後決策權。

終端使用者

一項產品或服務的最終受惠者。對企業顧客來說，終端使用者可以是組織內成員（製造商為旗下設計師購買軟體），也可以是外部顧客（設備製造商購買晶片，製作智慧型手機賣給消費者）。終端使用者可能主動、也可能被動，視他們在決策和採購過程有多大的話語權而定。

破壞者

能阻撓或改變產品搜尋、評估與採購方向的個人或團體。

決策者通常在顧客的組織內，而有力人士、推薦人、經濟型買家、終端使用者和破壞者則不一定在組織內部。

以消費者為對象的價值主張，在搜尋、評估、購買和使用一項產品或服務的過程裡，也可能牽涉到許多利益相關人。想買遊戲機的家庭就是個例子。在這種情況下，經濟型買家、有力人士、決策者、使用者和破壞者之間並不相同。應該為每個利益相關人畫出不同的價值主張圖。

多重價值適配

有些商業模式必須結合不同的價值主張與客層，才行得通，這就必須為不同客層創造各自適配的價值主張，商業模式才能成功。

「中間商」和「平台商」的商業模式是兩個常見的多重價值適配例子。

中間商

當企業透過中間商銷售產品和服務，就必須照顧兩種顧客：終端顧客和中間商。如果對中間商沒有明確的價值主張，商品可能根本到不了終端顧客的手上，就算商品可以送到終端顧客，價值也打了折扣。

中國的海爾（Haier）大多透過家樂福（Carrefour）、沃爾瑪（Walmart）和其他零售商將家用電器和電子產品銷售到全世界。為了搶占市場，海爾必須設計對家庭（終端顧客）和中間商都具有吸引力的價值主張。

海爾

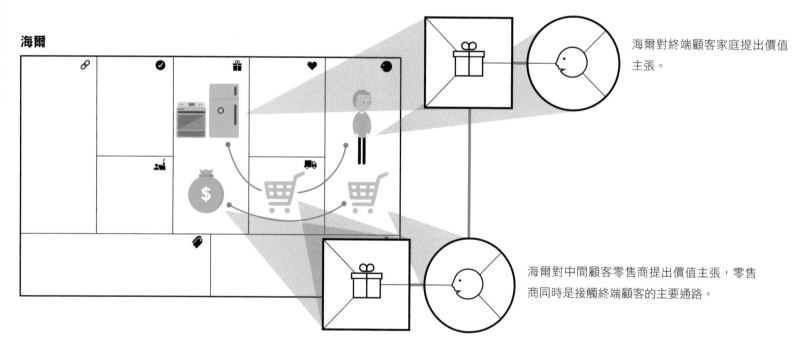

海爾對終端顧客家庭提出價值主張。

海爾對中間顧客零售商提出價值主張，零售商同時是接觸終端顧客的主要通路。

平台商

平台商需要有兩個或兩個以上的參與者，從相互依存的商業模式中獲取價值。有兩個參與者的平台稱為雙邊平台，超過兩個參與者的平台稱為多邊平台。只有各方都在商業模式中，平台才會存在。

Airbnb 是雙邊平台的範例。這個網站為有多餘房間出租的住戶和尋找旅館以外住宿選擇的旅客牽線。Airbnb 的商業模式必須有兩個價值主張，一個給當地居民（屋主），另一個給旅客。

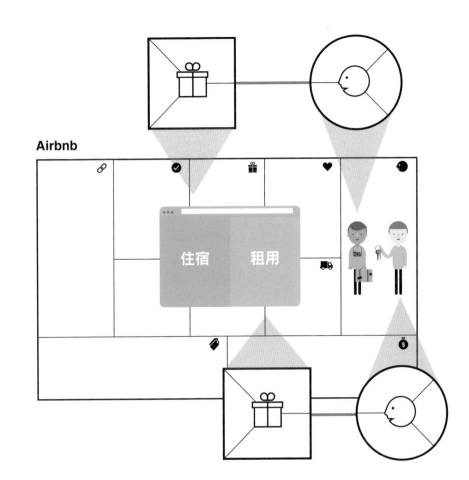

Airbnb

住宿　租用

看電影

用另一個簡單的例子來檢視價值主張圖的概念。想像一家連鎖電影院的老闆想要為顧客設計新的價值主張。

他可以從價值主張的特色著手，興奮地列出新世代大螢幕、尖端放映技術、美味零嘴、時尚氛圍、都會體驗等等。但當然只有當顧客在乎時，這些東西才重要。所以他開始想深入了解顧客真正想要的是什麼。

傳統作法是為目標客層進行人口心理分析。但這次他決定加上凸顯顧客的任務、痛點和獲益的顧客素描。

哪些因素吸引大家來看電影？

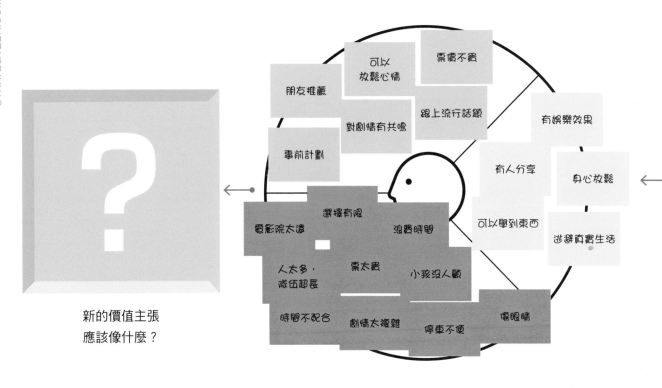

新的價值主張
應該像什麼？

提示：（潛在）顧客獨立存在於你的價值主張之外。

當你做顧客素描時，不要只聚焦在與價值主張有關的任務、痛點和獲益。要想得遠一點，了解哪些事情吸引顧客。

電影院的商業模式

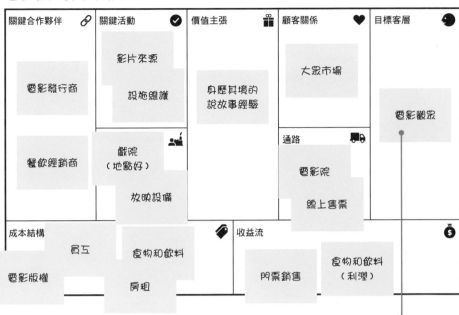

關鍵合作夥伴 🔗	關鍵活動 ✅	價值主張 🎁	顧客關係 ❤️	目標客層 👥
電影發行商	影片來源 設施維護	身歷其境的 說故事經驗	大眾市場	電影觀眾
餐飲經銷商	戲院 (地點好) 放映設備		**通路** 🚚 電影院 線上售票	

成本結構 🏷️		收益流 💰
員工	食物和飲料	門票銷售　　食物和飲料 　　　　　　　(利潤)
電影版權	房租	

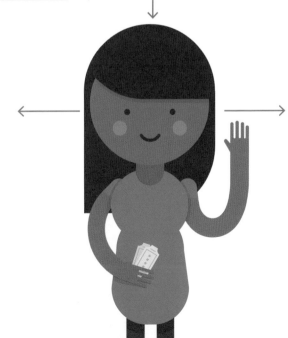

新作法:
聚焦能驅動顧客的任務、痛點和獲益

透過顧客素描,你的目標是找出真正能驅動顧客的原因,而不僅僅描繪他們的社經特質。你研究他們想要完成的事情、深層動機、目標和讓他們卻步的事。這會拓展你的視野,可能發現更新、更好的機會來滿足顧客。

傳統作法:
人口心理分析

傳統的人口心理分析是將有相同社經特質的顧客歸為一類。

珍:　　　　　　　看電影的習慣:
20-30 歲　　　　·偏好動作片
中上階層　　　　·喜歡爆米花和汽水
年薪 10 萬美元　·不喜歡排隊
已婚,育有兩子　·上網買票
　　　　　　　　·每個月看一場電影

同樣的顧客，
使用情境可能不同

顧客的情境不同，優先順序也會隨之改變。考量情境之後，再為顧客設計價值主張。

運用「要完成的任務」（just-to-be-done approach），你會發現不同目標客層的不同動機。當顧客處在不同的情境下，有些任務可能會變得比其他的任務更重要或是更無關緊要。

　事實上，身處的情境經常會改變顧客想完成的事情。

　例如，餐廳的顧客可能會用極為不同的標準來評估中午和晚上的用餐經驗。或者，手機用戶在車上、會議中或在家使用手機也會有不同的要求。所以，你的價值主張特色也會依聚焦的情境不同而有所不同。

在這個例子裡，這位電影觀眾所處的情境會影響某些任務的重要性。

如有必要，在顧客素描中加入情境因素，這可能是之後設計價值主張時的限制條件。

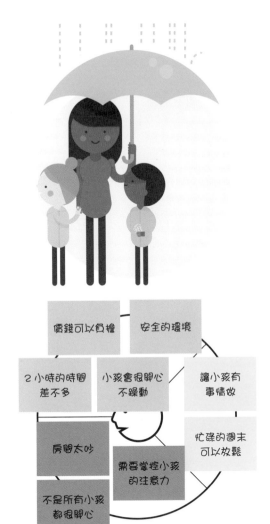

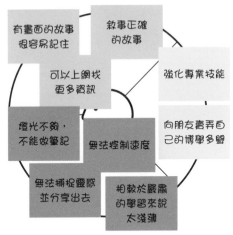

小孩不上課的下午

時間：週三下午

地點：不在家裡

跟誰在一起：小孩，也許還有小孩的朋友

限制條件：放學後、晚餐前的時段

浪漫約會夜

時間：週六晚上

地點：不在家裡

誰作陪：伴侶

限制條件：找人顧小孩（如果有小孩的話）

個人研究

時間：任何時間

地點：不在家裡

跟誰在一起：單獨一個人

限制條件：必須要是可以做筆記的地方

同樣的顧客，
解決方法可能不同

在今日這個超級競爭的世界，各式誘人的價值主張全面包圍潛在顧客，爭取他們有限的注意力。

截然不同的價值主張也許都在處理相似的任務、痛點和獲益。例如，我們的連鎖電影院不只要和其他電影院競爭顧客注意力，也和其他更廣泛的選擇纏鬥，像是租片在家看電影、出外用餐、泡溫泉，或甚至戴上 3D 眼鏡上網看美術展覽。

全力了解顧客真正在乎的是什麼，研究他們的任務、痛點和獲益，別局限在價值主張會直接處理的問題，才可以想像出全新作法或大幅改善之道。

對顧客的了解程度必須超越你的解決方案。找出他們重視的任務、痛點和獲益，以便了解該怎麼改良你的價值主張，或是需要擬一份新的價值主張。

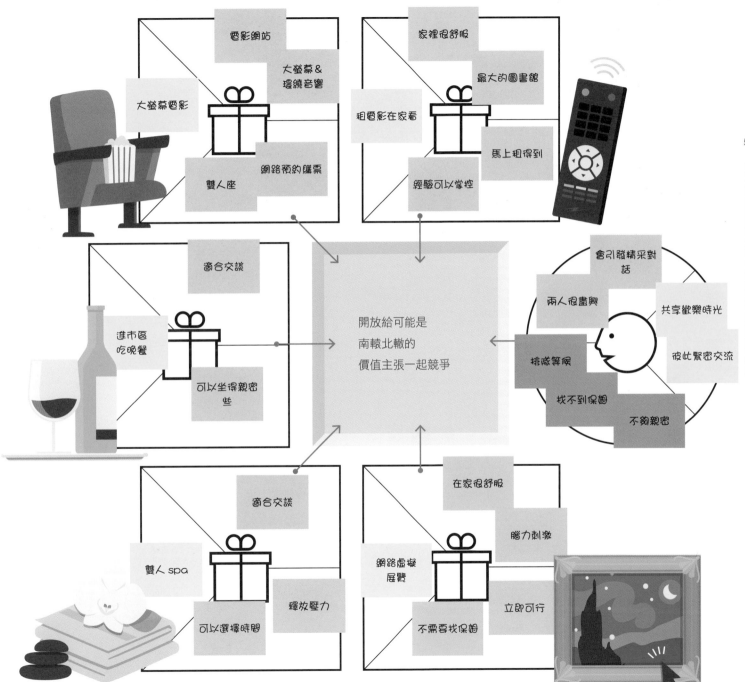

學到的經驗

顧客素描

使用顧客素描將顧客在意的事情視覺化，列出他們的任務、痛點和獲益。把素描寫成一頁可採取行動的清單，在組織內各部分溝通，建立組織對顧客的共同了解。把這當作「記分板」（scoreboard），真正和顧客交談時，檢視你假設的這些顧客任務、痛點和獲益是否成立。

價值地圖

用價值地圖清楚說明你為什麼相信你的產品與服務會減少顧客痛點，創造獲益。寫成一頁可採取行動的清單，在組織內各部分溝通，讓大家都理解你打算怎麼創造價值。把這當作「計分板」，在拿產品去給顧客測試時，追蹤是否真的能減少痛點、創造獲益。

價值適配

問題和解決方案適配：證明你的價值主張可以回應顧客重視的任務、痛點與獲益；產品和市場適配：證明顧客想要你的價值主張；商業模式適配：證明價值主張的商業模式是可擴展、可獲利的。

價值主張圖

STRATEGYZER.COM / VPD / CANVAS / 1.3

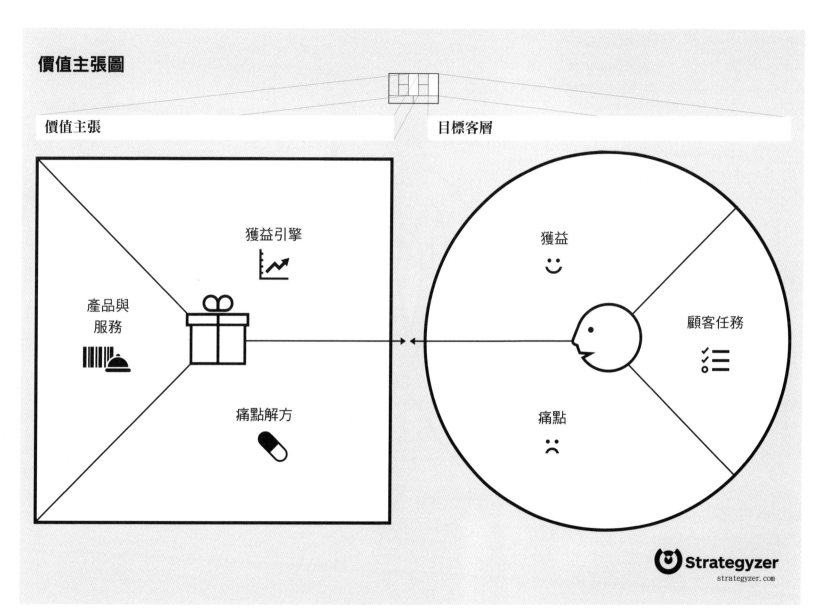

價值主張

目標客層

獲益引擎

產品與
服務

痛點解方

獲益

顧客任務

痛點

Strategyzer
strategyzer.com

下載價值主張設計 pdf 文件

設計、測試、反覆

追求能符合顧客任務、痛點和獲益的價值主張是在設計原型和測試原型之間來來回回，不斷測試。這個過程會再三反覆，沒有一定的步驟。《價值主張年代》的目標是幫助你儘快測試創意，以便有所學習，進而改良設計，然後再次測試。

設計

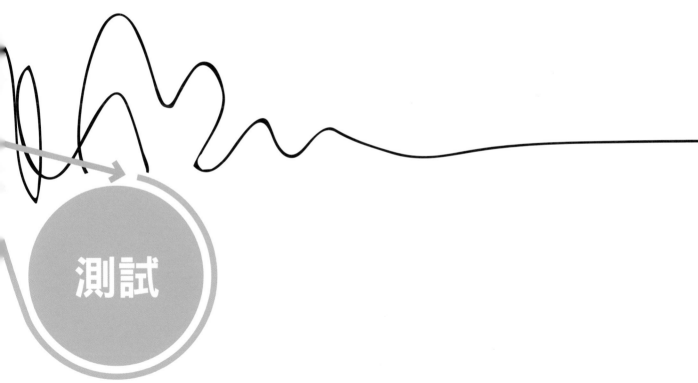

測試

des

ign

設計

2

開始價值主張設計，**把可能性製成原型** ^{p 74} 是個起點 ^{p 86}。經由**了解顧客** ^{p 104}，形塑你的價值主張，然後**做出選擇** ^{p 120} 你要繼續深入研究哪個價值主張，**找出適當的商業模式** ^{p 142}。如果你的公司已經成立一段時間，請參考**在既有組織進行設計** ^{p 158} 的特別要求。

形塑你的構想

設計就是將構想變為價值主張的原型，從製作原型、研究顧客、到再回頭形塑構想，不斷反覆循環。設計可從原型製作或發掘顧客開始，接著是測試活動，下一章會深入探討。（見 ➲ p.172）

構想、起點和洞見
➲ p.86

全新的價值主張或改良的價值主張可能源自任何地方，可能來自你對顧客的洞見 ➲ p.116、來自對原型製作的深入研究 ➲ p.76，或是來自其他來源 ➲ p.88。千萬不要執著早期的構想，因為經過原型製作 ➲ p.76、顧客研究 ➲ p.104 和測試 ➲ p.172 之後，一定會被改得面目全非。

把可能性製成原型
➲ p.74

把你的構想用快速、省錢的方式粗略製作原型。餐巾紙速寫 ➲ p.80、即興創作 ➲ p.82，以及價值主張圖 ➲ p.84 都能讓構想具體化。不要太早執著於某個原型，粗略的原型可以探討更多可能性，隨手丟棄也不會覺得可惜，接著再找到能熬過嚴峻測試的最佳選項 ➲ p.240。

了解顧客
➲ p.104

以前期的顧客研究提出你的構想和原型製作。仔細檢視可以得到的資料 ➲ p.108，和顧客溝通 ➲ p.110，沉浸到他們的世界裡 ➲ p.114。別太早向顧客提出你的價值主張。使用前期研究來深入了解顧客的任務、痛點和獲益，發掘他們真正在意的事，以便製作出有機會熬過嚴峻測試的價值主張原型 ➲ p.172。

把可能性製成原型

構想和起點

了解顧客

卓越價值主張 10 大特質

在閱讀本章說明如何設計價值主張前，暫停一下，思考卓越價值主張的特質。我們先提供 10 點特質，別猶豫的加入你的見解。卓越的價值主張會……

取得「卓越價值主張 10 大特質」海報

72

1
是卓越商業模式的一部分

2
聚焦在顧客最重要的任務、痛點和獲益

3
聚焦在顧客沒完成的任務、沒解決的痛點和沒有實現的獲益

4
鎖定少數的顧客任務、痛點和獲益，做到極端出色

5
不只考量功能性任務，還會注意情緒性任務和社交性任務

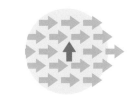

6

用與顧客一致的角度
評量成敗

7

專注在很多人都有的
任務、痛點和獲益，
或是會讓一些人願意
付出高額報酬的項目

8

在顧客在乎的任務、
痛點和獲益上，和競
爭對手有所區隔

9

至少有一個面向的表
現大幅超越競爭對手

10

很難複製

2.1

Prototyping Possibilities
把可能性
製成原型

什麼是原型製作？

將你的構想快速、粗略的製成研究模型，搜尋替代方案、形塑價值主張，並找出最佳機會。原型製作在專業設計時很常見，這裡把這個概念應用到價值主張來，以便在測試和建立實際的產品和服務之前，快速探討各種可能性。

定義

原型製作

製作快速、廉價、粗略的研究模型，來研究各種可能的價值主張與商業模式的適合度、可行性、存活力。

在選定一個構想精雕細琢前，先用右邊的這些技巧，快速探索一個構想能發展出的不同方向。

餐巾紙速寫
○ p. 80

用餐巾紙速寫讓構想變得更具體。每個潛在發展方向都用一張速寫圖表示。

即興創作
○ p. 82

我們的 _____ 協助 _____，他們想要 _____，作法是 _____ 和 _____。（與 _____ 不同）

在句子裡填入適當的內容，精確說明不同的方向如何創造價值。

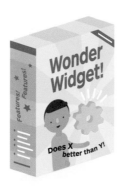

價值主張圖
➜ p. 84

以價值主張圖呈現出可能的發展方向。了解每個選項各呼應哪些任務、痛點和獲益。

借用實物說明
➜ p. 234

借用其他物品、活靈活現的說明價值主張，讓顧客與夥伴了解價值主張可能是什麼樣子，而不用等實際做出來。

製作最簡可行品
➜ p. 222

製作呈現出最精簡的價值主張特質，讓顧客與夥伴可以實際測試你的價值主張。

更多內容請見第 3 篇 測試 ➜ p.172

原型製作 10 大原則

78

釋放原型製作的力量！克制自己，不要花時間與精力只為了
精修微調某個方向。運用下列 10 大原則，把同樣的時間與
精力用來開發、探索好多個方向。你會學到更多，也會找到
更好的價值主張。

⊙ 取得「原型製作 10 大原則」海報

1
具體視覺化呈現。

具體的原型能激發討論和學習，別回到只會空口說白話的程度。

2
抱持新手心態。

即使是「這不可能做出來」的構想，也要努力做出原型，以全新的心態去探索，不要被既有的知識綁住、阻礙探索。

3
別執著初期創意，要創造備用選項。

太早開始精雕細琢你的構想，會阻撓你創造和探求其他選項，不要太快心有所屬。

4
安於「混沌狀態」。

在原型製作的初期過程並沒有明確的方向，這就是混沌狀態（liquid state）。 別慌，不要太早讓事情定型。

5
從低擬真的原型開始，反覆調整，再精雕細琢。

費心加工過的原型很難捨棄。快速、便宜、粗略的製作原型即可。逐漸了解什麼可行、什麼不可行之後，再開始精修微調。

6
及早發表作品，尋求批評指教。

儘早、並經常尋求大家批評指教，再著手精修原型。別把負評當作是針對你個人，能幫你改進原型的建議都價值連城。

7
失敗愈早、愈多、但損失不大，反而學得快。

害怕失敗會不敢冒險。克服之道是培養出快速製作粗略原型的文化，降低失敗的代價，這樣會學得更快。

8
善用創造力。

運用創造力開發史無前例的原型，勇於打破公司或業界的常規。

9
創造「史瑞克模型」。

史瑞克模型（Shrek models）是極端、駭人不太可能去做的原型，但利用這樣的模型激發論戰並鼓舞學習。

10
追蹤學習成果、洞見和進展。

追蹤記錄所有方向的原型、學習心得和洞見。早期的構想與洞見後來可能派得上用場。

用餐巾紙速寫
讓創意躍然紙上

目標	成果
讓價值主張的創意快速視覺化	用餐巾紙寫下、畫出各種可能的原型

餐巾紙速寫可以粗略呈現價值主張或商業模式，只凸顯核心概念而非運作方式。簡單到只需要一張餐巾紙，就能說明概念。在製作原型期間，盡早用餐巾紙速寫來探索、討論各種可能選項。

什麼是餐巾紙速寫？

餐巾紙速寫是用很便宜的方式，讓構想更具體，而且能夠將構想分享出去的方法。因為避開構想該如何運作的細節，所以不會因為執行面問題而被擱置。

有什麼用處？

在價值主張設計的初期使用餐巾紙速寫，可以快速分享構想、評估構想。因為刻意保持粗略處理，所以可以毫不後悔的捨棄某個概念，再尋找其他可能的選項。你也可以用餐巾紙速寫蒐集顧客的早期回饋。

注意

要確定大家都理解餐巾紙速寫是用來探索構想的工具，而且許多構想在原型製作和測試期間會被捨棄或改變。

最佳餐巾紙速寫

只有一個核心概念或方向（可以稍後合併）

解釋構想的內含，而不是運作方法（這時還沒有流程和商業模式！）

簡潔到一眼就看得懂（細節等稍後精修原型時再加入）

能夠在 10 到 30 秒內提案

_____自助商店

我們的顧客可以從店裡取得個別零件，自行組裝產品。

_____私人銀行

我們的每位顧客都有私人顧問，顧客可以得到量身打造的建議和服務。

4

展示

將所有餐巾紙速寫貼在牆上展示，像藝廊一樣。現在應該有相當多元的選擇了。

5

票選・10-15 分鐘（最好在休息時間）

參加者可以拿到 10 張貼紙，票選出最中意的構想，可以把所有選票都投給同一個構想，或分散投給不同的餐巾紙速寫。這並不是一個決策機制，只是凸顯什麼構想最令參與者興奮。 ⊕ 見 p. 138

3

提案・每組 30 秒

每組派一個人上台提案，解釋這一（大）張的餐巾紙速寫。每份提案不能超過 30 秒，大概只夠講構想的重點，而不去解釋要怎麼執行。提案必須多元，否則就請各組再討論、再提案。

1

腦力激盪・15-20 分鐘

使用不同的腦力激盪技巧，例如提出觸發式問題，見 ⊕ p. 15, 17, 31, 33，或「如果……會怎樣」的問題，為有趣的價值主張找出多種方向。在這個階段別擔心選擇的問題。數量比品質重要。這些原型快速產生，並不精細，必然會再修改。

2

繪圖・12-15 分鐘

將參與者分成幾個小組，每組快速為 3 個價值主張選項挑出 3 個構想。他們在簡報架上為每個構想勾勒餐巾紙速寫。產出 2 到 3 張速寫可增加多樣性，而且可以減少討論到沒完沒了的風險。

6

展示原型

各組繼續為自己那組得票最高的構想草擬價值主張圖。另一種可能的做法是，把各組最高票的構想轉給別組進行。

用即興創作
快速創造選項

目標
快速形塑可能的價值主張方向

成果
用「提案型」語言，呈現不同的原型選項

即興創作是為價值主張快速找到可能方向的好方法。這會迫使你明確說出究竟打算如何創造價值。完成下面的句子，為 3 到 5 個不同方向的構想製作原型。

下載範本

我們的
（產品與服務）

協助
（目標客層）

，他們想要
（要完成的任務）

，作法是
（自行填入動詞，如降低或避免）

和
（自行填入動詞，如提升或增進）

。（

提示
加在句首或句尾：

不同於
（競爭的價值主張）

）

我們的 ___ 書 ___ 協助 ___ 商務人士 ___ ，他們

想要 ___ 改善業務或建立事業 ___ ，作法是 ___ 避免 製造沒人要的東西 ___ 和

___ 創造 評量進展的明確指標 ___ 。

用價值主張圖
表達構想

目標	成果
明確敘述不同的構想如何創造顧客價值	以價值主張圖呈現可能的原型

用價值主張圖說明構想原型,就像使用餐巾紙速寫或即興創作一樣。價值主張圖不僅可以精修微調最後選定的構想,在前期也可以作為探索工具,直到確認方向。

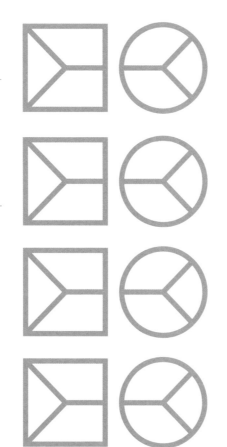

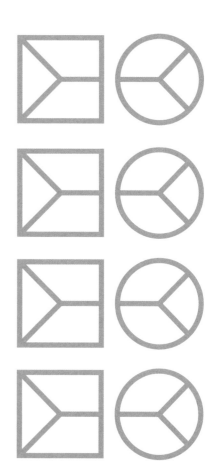

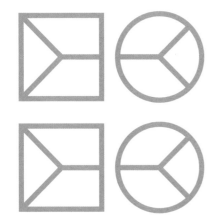

STRATEGYZER.COM / VPD / DESIGN / 2.1

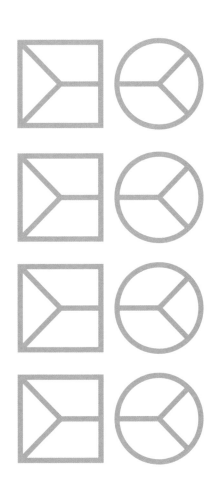

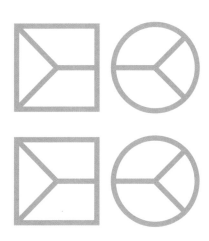

在明顯的地方放上計時器,限制花
在原型上的時間。早期的原型必須
精簡。

不要害怕為極端的解決方案製作原型,
就算你知道不太可能朝那些方向發展,
也要探索和學習。

2.2

Starting Points
起點

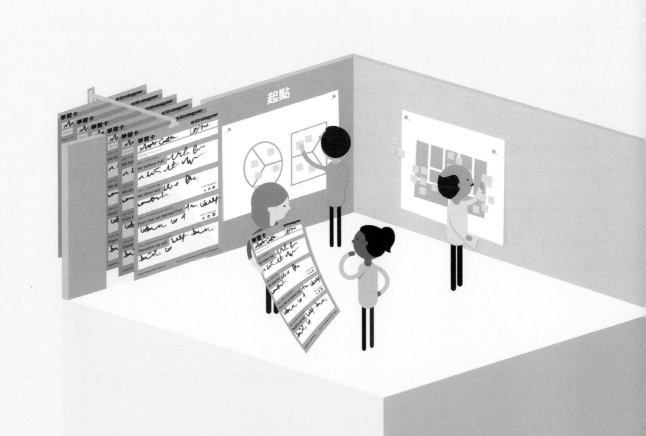

從哪裡開始

卓越的新價值主張不必然要從顧客的角度開始，但是最終永遠必須回應顧客在乎的任務、痛點和獲益。

這個跨頁提供 16 個起跑區（trigger area），讓你著手建構新的或改良既有的價值主張。起點可能是顧客、現有價值主張、你的商業模式，你的環境，也可能是其他產業和領域的商業模式及價值主張。

☻ 取得「創新起點」海報

你能否……

推遠全觀

↑

仿效或「引進」其他產業的創新模式？

以新的技術趨勢創造價值，或將新法規作為自己的優勢？

提出競爭者無法抄襲複製的新價值主張？

🔗 引入新夥伴，創造新的價值主張？

✔ 既有運作與資源延伸發展，包括專👥 利、基礎建設、技術能力、客戶群？

🏷 大幅改變成本結構來大幅降低產品價格？

📈 為某個顧客層創造新的獲益引擎？

◧◧ 想出新產品或新服務？

🏷 針對某個顧客層找出新的痛點解方？

↓

拉近聚焦

你的商業模式環境

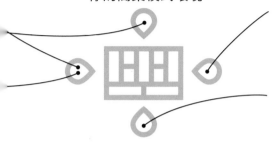

調整價值主張，來滿足新的客層，或未完全滿足的客層，例如新興市場快速崛起的中產階級？

針對總體經濟的新趨勢設計價值主張，例如西半球日益增加的健康照護成本？

你現有的商業模式

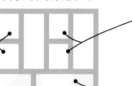

♥🚚 善用你現有的關係和通路，提供顧客新的價值主張？

💰 免費贈送核心產品，或是翻倍調漲產品價格？

你的價值主張

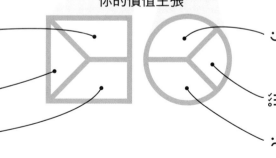

😊 專注在對顧客來說不可或缺但尚未出現的獲益？

≡ 找出尚未完成的新任務？

☹ 解決顧客最嚴重，但尚無解方的痛點？

限制設計條件
激發創意

給設計限制條件，會迫使大家去想創新的價值主張，嵌入卓越的商業模式。下面舉出五種限制，你可以複製這五家企業的價值主張與商業模式到你的圖上。你也可以舉其它的例子。

目標
強迫自己跳出框架思考

成果
提出不同於一般價值主張和商業模式的構想

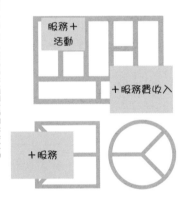

HILTI 喜利得

服務化

限制：從以銷售產品為核心的價值主張，變成以服務為核心的價值主張，開創管理服務模式，打開固定服務費營收。

喜利得原來銷售給建商機械工具，改為租用成套工具給營建公司經理人，並負責維修、管理。

NESPRESSO® 雀巢

刮鬍刀模式

限制：一個基本產品、再加上一個耗材產品，要設計出有經常性營收的價值主張。

雀巢改變賣濃縮咖啡的方式，改賣咖啡機加上咖啡膠囊耗材，將原本一次交易性的商業模式，轉變為有經常性營收模式。

swatch

引領潮流

限制：將技術（創新）轉化為時尚潮流。

Swatch 將塑膠錶變為時尚潮流，席捲全球。之所以能快速攻占全球市場，是因為塑膠錶零件較少，又有創新的製造技術，所以能廉價大量生產。

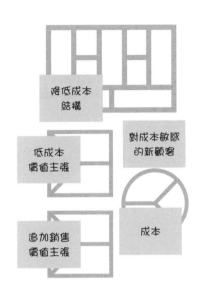

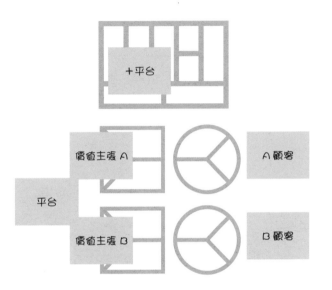

低成本

限制：將核心價值主張縮減到只留下基本功能，設計出低價價值主張，但是所有非基本功能都要額外收費，瞄準過去未被開發與未被完全滿足的客層。

西南航空躍居最大廉價航空公司，作法是將價值主張簡化到最低限度，單純從甲地飛到乙地，且提供低廉票價。他們成功的飛進一個新客層。

平台

限制：建立一個平台模式，能連結好幾位參與者，對每個參與者都有限制的價值主張。

Airbnb 讓旅客得以入住全球各地的私人住家，作法是將旅客和想短期出租公寓的人連結在一起。

提示：

· 如果條件允許，把不同的限制分配給不同的任務團隊，這讓你可以同時探索各個選項。

· 以業界難以突破的挑戰作為設計限制，例如免費的價值主張、降低毛利率等。

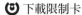 下載限制卡

桌上擺滿書籍和雜誌，邀約大創意

目標
大開眼界以激發新構想

成果
從相關議題、整合最新趨勢，找出新構想。

善用暢銷書和雜誌，為創新的價值主張和商業模式找新構想。接觸熱門主題並掌握現今潮流是尋找新構想快速有效的方法。

把書籍和雜誌帶進工作坊，就像邀請全球智庫的優秀人才一起進行腦力激盪一樣，找再多來也不會負擔不起！

電子零售商
勢力大增

氣候變遷意
識抬頭影響
消費者行為

「共享型經濟」
崛起

集體協作改
變創造價值
的方式

滿足並
超越每個人的
基本需求

數位世代的工作
態度有什麼不同

自造者運動盛行

1

選書

在一張大桌子上準備好報導潮流趨勢、重要主題或大創意的書籍和雜誌。要求工作坊的每位參與者各選一本書。

2

瀏覽和摘錄重點

參與者瀏覽他們選的書，並在便利貼上寫下書中的好概念。（45分鐘）

提示：

· 選擇強迫參與者走出舒適圈的書，包括社會學、技術和環境類書籍。

· 避開複雜的商業理論或法則。

· 可加上作者在YouTube中的演講影片。

· 用餐巾紙速寫分享你的價值主張構想。

3

分享和討論

參與者在 4 到 5 個人的小組裡分享重點心得，並將洞見整理寫在簡報板上。（20 分鐘）

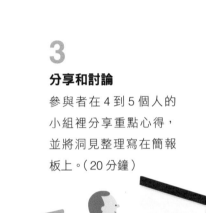

5

提案

各組分享他們的價值主張選擇。

4

腦力激盪各種可能性

各團隊依討論結果提出三個新的價值主張構想。（30 分鐘）

🔵 下載「大創意書單」

94

推力策略 vs. 拉力策略

推力策略（puch）與拉力策略（pull）的辯論十分常見。推力策略是從具備的技術或創新來設計價值主張；拉力策略則是從顧客的任務、痛點或獲益著手。這是兩個常見的起點，我們先前已有說明，見 ➡ p. 88。視你的偏好和情境，兩者都是可行的選擇。

技術推力策略 (Technology Push)

從發明、創新或（技術）資源著手，研擬出一個能解決顧客任務、痛點和獲益的價值主張。簡單説，這是為解決方案找對應的問題。

　深入探索以你的發明、創新或技術資源為基礎、且有潛在客層的價值主張原型，為每一個客層設計專屬的價值地圖，直到問題和解決方案達到價值適配。更多有關建構、評量和學習循環的內容請見 ➡ p.186。

技術

1. 解決方案

（發明、創新、技術）

學習　　　　　　　建構

找到問題

（任務、痛點、獲益）

3. 顧客洞見 **2. 價值主張原型**

評量

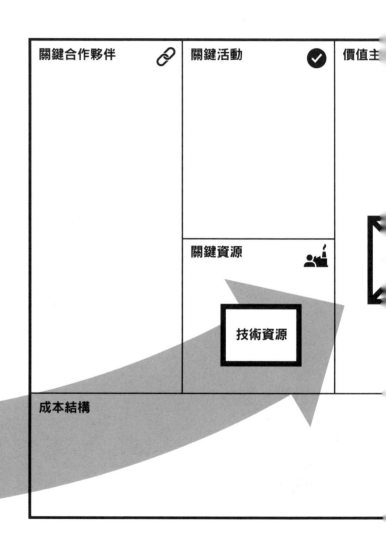

關鍵合作夥伴　　　關鍵活動　　　　價值主

關鍵資源

技術資源

成本結構

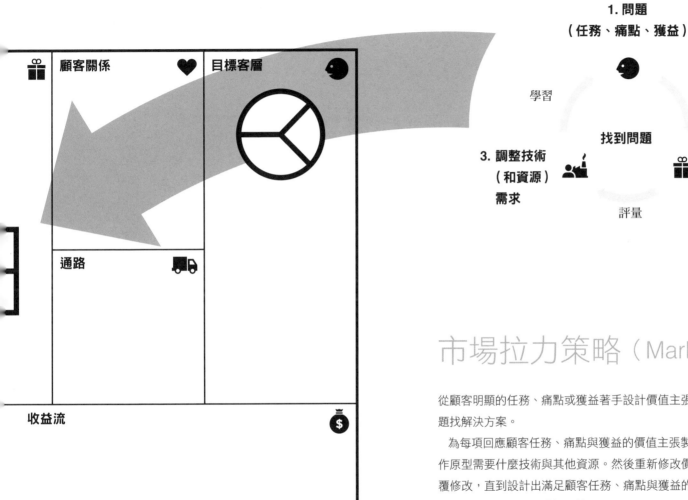

1. 問題
（任務、痛點、獲益）

顧客關係

目標客層

學習　　　　　　　　　建構

找到問題

3. 調整技術
（和資源）
需求

2. 價值主張
原型

評量

通路

收益流

市場拉力策略（Market Pull）

從顧客明顯的任務、痛點或獲益著手設計價值主張。簡單說，這是針對問題找解決方案。

為每項回應顧客任務、痛點與獲益的價值主張製作原型，首先要知道製作原型需要什麼技術與其他資源。然後重新修改價值地圖、調整資源，反覆修改，直到設計出滿足顧客任務、痛點與獲益的可行解決方案。更多建構、評量和學習循環的說明請見 ⊕ p.186。

推力策略：
先有技術再搜尋
任務、痛點和獲益

目標	成果
練習技術驅動法，冊 須承擔風險	提升技能

 這個練習由解決方案開始

1

設計

用瑞士洛桑聯邦理工學院（EPFL）
新聞稿發布的技術，針對可能對這技
術有興趣的客層，設計價值主張。

2

發想

提出以壓縮氣體儲電技術為價值主張的構想。

3

目標客層

選擇可能對這個價值主張感興趣且願意
為此付費的客層。

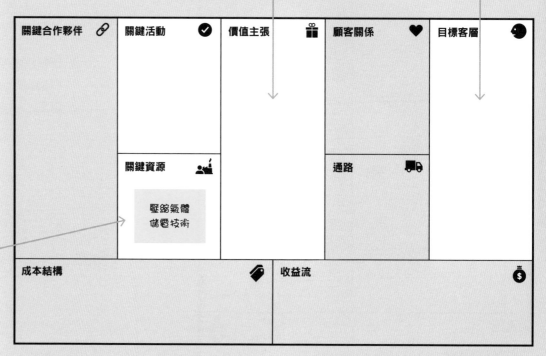

「太陽能和風力發電是未來能源發展的首選⋯⋯
然而，太陽能和風力的發電高峰期通常與用電尖
峰期不符。因此，必須想出儲存電力稍後供電的
方法。

瑞士洛桑聯邦理工學院在壓縮氣體這個原始儲

電系統上已經努力超過 10 年。採用液壓活塞使
系統有最佳表現⋯⋯取得高壓氣體後，可以安全
無損的儲存在瓶中，直到需要時再釋放氣體來啟
動馬達發電。我們的系統有個好處，就是不需要
使用稀有材料。

聯邦理工學院已經成立新公司，繼續發展這個
概念，開發出可立即安裝使用的電力儲存設備。
2014 年，在吉拉（Jura）的光電廠將裝置一個 25
瓩的試行機組⋯⋯未來會安裝 250 瓩的機組，再
來則是 2,500 瓩。」

STRATEGYZER.COM / VPD / DESIGN / 2.2

97

提示：

· 在技術推力策略的練習上加入設計限制。你的組織也許不想碰觸特定客層（例如企業對企業〔B2B〕、企業對消費者〔B2C〕、特殊地區等等）。或是你可能偏好特定策略，例如授權使用而非建構解決方案。

· 一旦選擇可能感興趣的客層，就要針對假定的顧客再深入研究 ⊕ p.104 並提出證據 ⊕ p.172。

6

評估

評估顧客素描和設計出來的價值主張是否達到價值適配。

待續 ⊕ p. 152

拉近聚焦

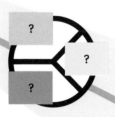

4

顧客素描

進行顧客素描。對待完成的任務、痛點和獲益先作假設。

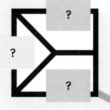

5

描述勾勒

描述與勾勒價值主張如何消除顧客的痛點、創造顧客獲益，再進一步微調價值主張。

價值主張圖

Ⓤ **Strategyzer**

拉力策略：
找出高價值任務

能創造卓越價值主張的人，通常專注在重要的任務、痛點和獲益上。但你怎麼知道該專注在哪些任務、痛點和獲益呢？分辨高價值任務的方法是，想想這個任務是否重要、具體、未被滿足，而且有利可圖。

高價值任務的特色是，
痛點和獲益都……

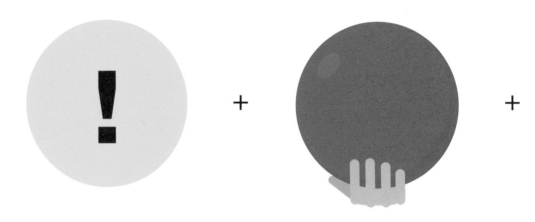

很重要

顧客任務的成敗會產生不可獲缺的獲益或極大痛點。

· 未完成的任務會導致極大的痛點嗎？

· 未完成的任務會錯失必要的獲益嗎？

很具體

會立即或經常感受到任務帶來的痛苦或獲益，不用等上幾天或幾週。

· 你感受到痛苦嗎？

· 你看得到獲益嗎？

尚未滿足

現有的價值主張無助於消除痛點，或是期望的效益沒有達到讓人滿意的程度，又或者根本沒有效益。

· 有未解決的痛點嗎？

· 有未實現的獲益嗎？

有利可圖

許多人有同樣的痛點或獲益，或是有一小群顧客願意為此多付錢。

· 很多人都有這樣的任務、痛點和獲益嗎？

· 有一小群人願意付出高價購買嗎？

是高價值任務

專注在高價值任務以及相關的痛點和獲益。

Based on initial work by consultancy, Innosight.

拉力策略：選擇任務

目標	成果
找出聚焦的高價值顧客任務	從你的觀點為顧客任務排順序

 這個練習從顧客的角度開始

想像你的顧客是資訊長（CIO），你必須設法了解哪些任務對他們最重要。進行這個練習來為他們的任務決定優先順序，或應用在你的顧客素描上。

提示：

· 這項練習可以幫助你大致按照你的觀點排列任務的優先順序，這並不代表你的價值主張必須處理最重要的任務；也許那些超出你的能力。然而，確保你的價值主張探討與顧客高度相關的任務。

· 能打造卓越價值主張的人常常只專注在少數幾項任務、痛點和獲益，而且成效卓著。

· 配合實地發掘顧客洞見 ⊕ p.106 或進行的實驗找出證據 ⊕ p.216，可以增加這項練習的功用。

顧客素描

一個資訊長的綜合顧客素描

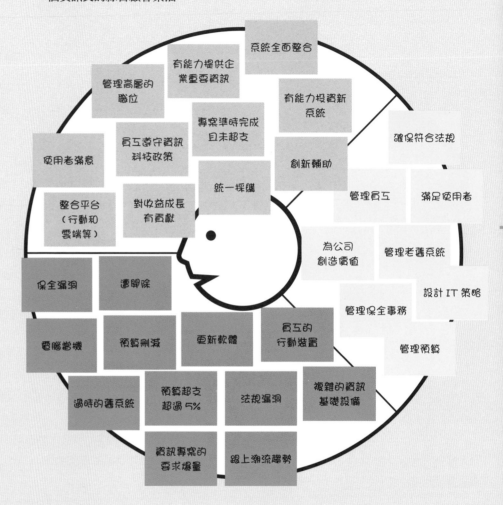

STRATEGYZER.COM / VPD / DESIGN / 2.2

任務	很重要	很具體	尚未滿足	有利可圖	是高價值任務
	·未完成的任務會導致極大的痛點嗎？ ·未成功完成的任務會錯失必要的獲益嗎？	·你感受到痛苦嗎？ ·你看得到獲益嗎？	·有未解決的痛點嗎？ ·有未實現的獲益嗎？	·很多人都有這樣的任務、痛點和獲益嗎？ ·有一小群人願意付出高價購買嗎？	專注於高價值任務以及相關的痛點和獲益
為公司創造價值	•••	•	•••	••	= 9
設計 IT 策略	••	•	••	••	= 7

計分方式：•（低）到••••（高）

Based on initial work by consultancy, Innosight.

從顧客素描創新的 6 個方法

你已經完成顧客素描，接下來呢？
這裡有 6 個方法可以啟動價值主張設計的下一步。

你可以……

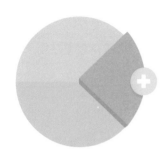

應用到更多的任務上嗎？

回應更全面的任務，包括相關和附屬的任務。

蘋果推出 iPhone，不只重新發明行動電話，也讓我們能在同個裝置上儲存音樂、播放音樂與上網。

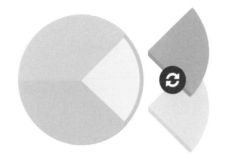

轉換用到更重要的任務嗎？

協助顧客達成另一個任務，這個任務與目前聚焦的大部分價值主張不同。

機械工具製造商喜利得了解，營建業經理人除了要施工鑽洞外，還必須控制進度以免工程逾期受罰。喜利得的機件設備管理解決方案能同時處理這兩個問題。

不只考量功能性任務嗎？

不要只著眼在功能性任務，可以藉由完成重要的社交性任務和情緒性任務來創造新價值。

Mini Cooper 打造出的汽車，除了是運輸工具，也代表身分認同。

下載觸發式問題

幫助更多顧客完成任務嗎？

協助更多人完成原本太過複雜或成本太高的任務。

高階網路資料儲存和運算能力原本只留給資訊科技預算雄厚的大型企業使用。但亞馬遜網站（Amazon.com）將亞馬遜的網路服務開放給所有公司，不論公司規模大小與預算高低都用得起。

逐步提升嗎？

藉著持續細緻改良現行價值主張，協助顧客把任務做得更好。

德國工程和電子巨擘博世（Bosch）針對顧客需求改善電鋸的各種功能，因此領先競爭對手。

徹底改變嗎？

當新的價值主張協助顧客完成任務的成效比過去大幅提升的時候，就等於創造了新市場。

蘋果公司發表的 VisiCalc 是第一個試算表軟體，不僅為這類產品開啟新市場，也因為其簡易的視覺化計算，為所有產業打開全新的可能性。

2.3

Understanding
Customers
了解顧客

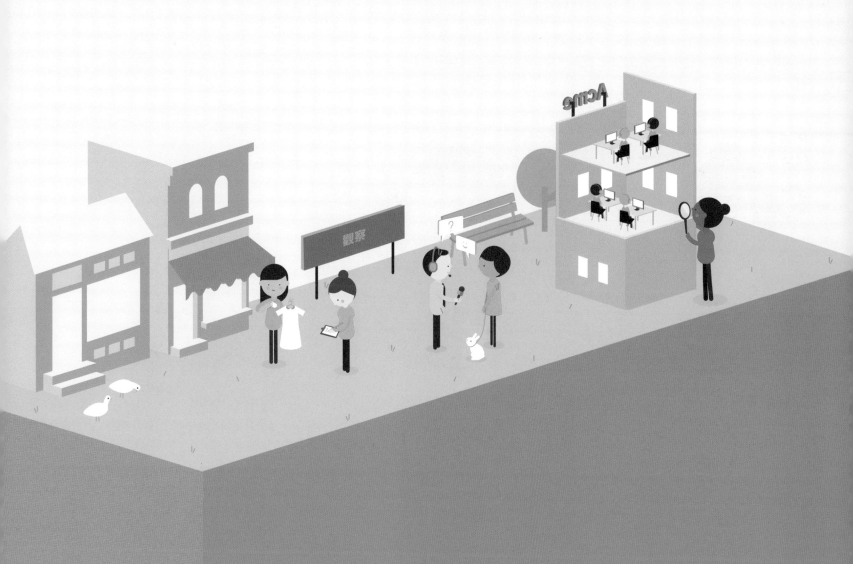

發掘顧客洞見的 6 個技巧

了解顧客觀點是設計卓越價值主張的關鍵。這 6 個技巧幫你走入顧客的世界，務必巧妙的交叉運用，以深入了解你的顧客。

化身數據偵探

從研究資料下手。研究報告等二手資訊，以及你可能已經有的顧客資料，都是很好的研究基礎。不要只看自己所處的產業，可以研究類似、相關、甚至完全無關的產業的例子。

難度：★

優點：這是進一步研究的良好基礎。

缺點：這是不同背景取得的靜態資料。

詳情請見 ➲ p. 108

化身新聞記者

和（潛在）顧客訪談，可以輕鬆發掘顧客洞見。這是大家都熟悉的做法。然而，顧客在訪談時告訴你的事可能與他在真實世界的行為不一致。

難度：★★

優點：快速、廉價，是開始學習與獲得洞見的好方法。

缺點：顧客不見得知道他們想要什麼，而且顧客的實際行為與訪談說的不同。

詳情請見 ➲ p. 110

化身人類學家

觀察真實世界裡的（潛在）顧客，了解顧客真實的行為、反應。研究顧客聚焦在什麼任務、如何完成任務；並記下什麼是讓顧客困擾的痛點，以及他們想要得到什麼獲益。

難度：★★★

優點：提供不含偏見的洞見，發現顧客的實際行為

缺點：難以取得與新構想相關的顧客洞見

詳情請見 ➲ p. 114

模仿顧客

「化身自己的顧客」，積極使用產品與服務。花一天或更久的時間體驗顧客的經驗感受，透過（不滿意的）親身經歷去找到答案。

難度：★★

優點：得到任務、痛點和獲益的第一手經驗。

缺點：你不能永遠代表真正的顧客，有時候不能使用這個方法。

成為共同創造者

將顧客引入價值創造的過程一起學習。和顧客共事來探索和發展新構想。

難度：★★★★★

優點：拉近和顧客的距離，可以幫助你獲得深刻洞見。

缺點：也許不能廣泛適用至所有顧客和市場。

化身科學家

讓顧客（知情或不知情的）參與實驗，從結果中學習。

難度：★★★★

優點：對真實世界的行為提供有事實根據的洞見；尤其適合新構想。

缺點：因為嚴格的（顧客）政策和規範，可能無法適用於現行組織。

詳情請見 ● p.216

化身數據偵探：
從現有資訊著手

比起以前，現在有更多管道可以取得公司內外的現成訊息和資料，甚至在進行價值主張設計前就可取得。用現成的資料來源做為發掘顧客洞見的起點。

Google Trends

找三個與你的構想相關的關鍵詞，比較三個關鍵詞的搜尋趨勢，顯示與你的構想相關的三種趨勢。

Google Keyword Planner

找出與你的構想相關的前五名關鍵詞，就知道潛在顧客層流行什麼，被搜尋的頻率有多高？

政府人口普查資料、世界銀行、國際貨幣基金等等

透過網路快速找到與你的構想相關的（政府）資料。

第三方研究報告

三份現成研究報告，作為你的顧客研究和價值主張研究的基礎。

社群媒體分析

現有的企業和品牌應該要：

· 找出在社群媒體上對品牌有影響力的人事物。

· 找出品牌在社群媒體上最常被提及的正反面 10 大事件。

顧客關係管理（CRM）

· 列出你和顧客互動時最常聽到的三個問題、抱怨和要求。

在網站上追蹤顧客

· 列出顧客進入你的網站的三大方法（例如搜尋、推薦）。

· 找出你的網站上，最熱門和最冷門的 10 個網頁。

資料採礦

現有公司應該研究分析既有資料：

· 找出三個可能對新構想有幫助的模式。

STRATEGYZER.COM / VPD / DESIGN / 2.3

Source: Siegel & Davenport, Predictive Analytics: The Power to Predict Who Will Click, Buy, Lie, or Die, 2013.

化身新聞記者：
採訪顧客

目標	成果
更了解顧客	簡單驗證的顧客素描

和顧客訪談，取得和真實情境相關的洞見。用價值主張圖準備訪談，整理訪談中得到大量的混亂資訊。

1
創造一份顧客素描。

簡單寫下你認為屬於目標顧客的任務、痛點與獲益，依據重要性將任務、痛點、獲益排序。

2
製作訪談大綱。

先問自己想知道什麼。從顧客素描延伸出訪談題目。問顧客什麼是最重要的任務、痛點和獲益。

5
檢視訪談。

根據得到的訪談資料，評估是否需要重新檢視訪談問題。

3

進行訪談。

照著下一頁列出的訪談原則進行訪談。

7

綜合整理。

為訪談裡的每個目標客層另外製作綜合性的顧客素描圖，在便利貼上寫下你得到最重要的洞見。

4

整理萃取。

在空白的顧客素描圖上寫好貼上從訪談得到的顧客任務、痛點和獲益。

也要記下商業模式有關的心得，寫下你得到最重要的洞見。

6

尋找固定模式。

能看出顧客共同的任務、痛點或獲益嗎？有什麼特別引人注意的嗎？受訪顧客之間有什麼相同或不同的地方？

為什麼這些訪談顧客很（不）相似？你能偵測到會影響任務、痛點和獲益的特殊（重複發生）狀況嗎？

訪談基本原則

訪談是種藝術，好的訪談會給價值主張設計所需要的洞見。務必聚焦在挖掘（潛在）顧客重視的事，不要試圖推銷你的解決方案。遵循接下來提到的基本原則，做好訪談。

🌀 取得「訪談基本原則」海報

原則 1
抱持初學者心態。

要「洗耳恭聽」不帶成見，避免自行詮釋，尤其要深入發覺意料之外的任務、痛點和獲益。

原則 2
少說多聽。

你的目標是傾聽、學習，不是要去教育顧客、感動顧客或說服顧客做事。避免浪費時間談論自己的信念，這會占用了解顧客的時間。

原則 3
找事實，而不是個人意見。

別問「你能……？」
要問「你上次做＿＿是什麼時候的事？」

原則 4
多問「為什麼」，找出顧客真正的動機。

問「你為什麼必須去做……？」
問「為什麼＿＿對你很重要？」
問「為什麼＿＿造成你那麼大的痛點？」

原則 5

顧客洞見訪談的目標不是銷售（即使帶有點銷售），而是向顧客學習。

別問「你會買我們的解決方案嗎？」要問「你是用什麼標準來決定要買……？」

原則 6

別太早提及解決方案（也就是你的價值主張原型）。

別解釋「我們的解決方案可以……」
要問「讓你掙扎糾結最重要的事是什麼？」

原則 7

後續追蹤

取得訪談顧客同意保留聯絡資訊，方便往後請教更多問題和答案，或測試原型。

原則 8

永遠在結束時開一扇門。

最後問：「我還應該和誰談談嗎？」

提示：

· 要了解顧客，訪談是非常好的開始，但他們通常無法提供非常可信的看法，協助做出關鍵決策。以其他研究來補充訪談的不足，如優秀的新聞記者聽到故事，會進一步研究找出背後真相。加入對顧客的實地觀察，以及能提供確切數據的實驗。

· 兩人一組進行訪談。事先決定由誰主導訪談，誰記筆記。如果可能的話，使用錄音錄影設備（拍照、攝影或其他工具），但是訪談對象看到桌上有錄音機，回答可能會不一樣。

Fitzpatrick, The Mom Test, 2013.

化身人類學家：
潛入顧客的世界

深入（潛在）顧客的世界，獲得與他們任務、痛點和獲益有關的洞見。顧客每天的實際作為常與他們自己的認知不同，也與他們在接受訪談、問卷調查和在焦點團體中告訴你的不同。

114

B2C：進駐家庭

在一位潛在顧客家裡待上幾天，和他的家人一起生活。參與日常活動，了解哪些活動會影響顧客。

B2C：觀察購物行為

花 10 小時到你的（潛在）顧客會去購物的商店觀察顧客行為。你能察覺到他有什麼固定的行為模式嗎？

B2B：一起工作／提供諮詢

花些時間跟著（潛在）顧客工作，或是一起工作（例如專案諮詢）。用心觀察什麼事讓顧客輾轉難眠？

B2B/B2C？

如何埋首深入（潛在）顧客生活？要有創意！突破一般界限。

B2C：跟著顧客一天

跟在（潛在）顧客旁邊，體驗他們一天的生活。寫下你觀察到的所有任務、痛點和獲益，並加上時間資訊，整理歸納，從中學習。

一日生活
工作表

目標
更詳盡的了解顧客世界

成果
描繪顧客的一天

找出你跟隨的顧客最重要的
任務、痛點和獲益。

提示：

· 觀察並記錄顧客的生活。先不
  要用自己的經驗去詮釋、別下
  判斷。像人類學家一樣的工
  作，用不帶成見的「新鮮」眼
  光觀察，保持開放的心態。
· 留意看到和沒看到的事。
· 不僅掌握你能觀察到的事，也
  要掌握顧客沒有說出口的感受
  與情緒。
· 培養顧客同理心，這是有效進
  行情境探索的重要心態。

時間	活動（我觀察到）		筆記（我認為）
7 pm	上床前為小孩刷牙		父母因為濺灑四處的水漬而心煩意亂

從顧客研究中
找出固定模式

目標	成果
具體呈現顧客模樣	綜合整理出（一份）顧客素描

蒐集相當數量的顧客研究後，就可以分析資料，嘗試從資料中找出顧客的模式。將有類似任務、痛點與獲益的顧客歸為一類，重視同樣任務、痛點與獲益的顧客歸為一類，為不同類的顧客分別製作顧客素描。

1

展示。

在大型牆面展示研究得到的所有顧客素描。

2

分組。

如果你能在任務、痛點和獲益中辨識出固定模式，就可以把近似的顧客素描歸類成一個或多個客層。

3

綜合整理。

將各群組的多個顧客素描綜合整理成一個總表，找出最常見的任務、痛點和獲益，並用不同的標籤描述在總表上。

4

設計。

找到客層之後，開始為價值主張製作原型。依據放上總表的顧客固定模式，自信的設計出一個或多個價值主張原型。

綜合整理範例：
商務人士／讀者的顧客素描總表

為了建立本書讀者的顧客素描，我們檢視從訪談中蒐集到不同顧客的任務、痛點和獲益。用新的標籤將常見項目綜合整理出來放入總表。

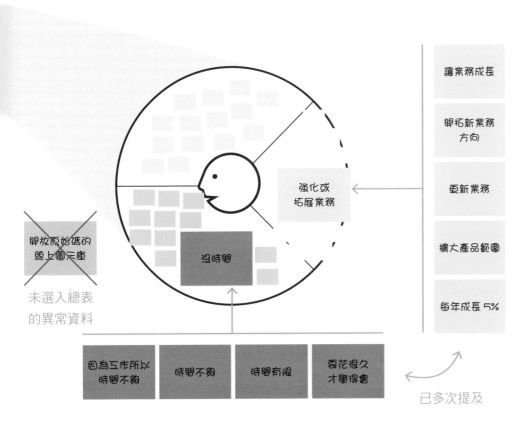

開放原始碼的
線上圖示庫

未選入總表
的異常資料

讓業務成長

開拓新業務
方向

更新業務

擴大產品範圍

每年成長 5%

強化或
拓展業務

沒時間

因為工作所以
時間不夠

時間不夠

時間有限

要花很久
才學得會

已多次提及

提示：

· 特別留意異常資料。他們也許毫不相關，但也可能代表一個特殊的學習機會。有時候，最了不起的發現就在最偏僻的地方。

· 問問自己，異常資料會不會是在提醒即將發生的事，應該留心，還是只是偏差。也許這些異常資料能為顧客的任務、痛點和獲益中提供比同業更好的解決方案。

找到早期愛用者

研究潛在顧客、尋找固定模式時,留意早期愛用者(earlyvangelist)。這個詞由史蒂芬·布蘭克(Steve Blank)提出,描述願意冒險使用新產品或服務的顧客。早期愛用者可以為新市場打下基礎,幫你測試、學習,讓你繼續形塑價值主張。

5

已經或將要挪出預算。

顧客已經準備或是能夠快速取得預算來購買解決方案

4

已經有拼湊的救急之道。

這項任務重要到顧客先拼湊出臨時方案。

3

正積極尋覓解決方法。

顧客在找解決方案且訂有完成時限。

2

察覺問題存在。

顧客知道目前有問題或任務等著解決。

1

有問題或需求。

換句話說,有需要完成的任務。

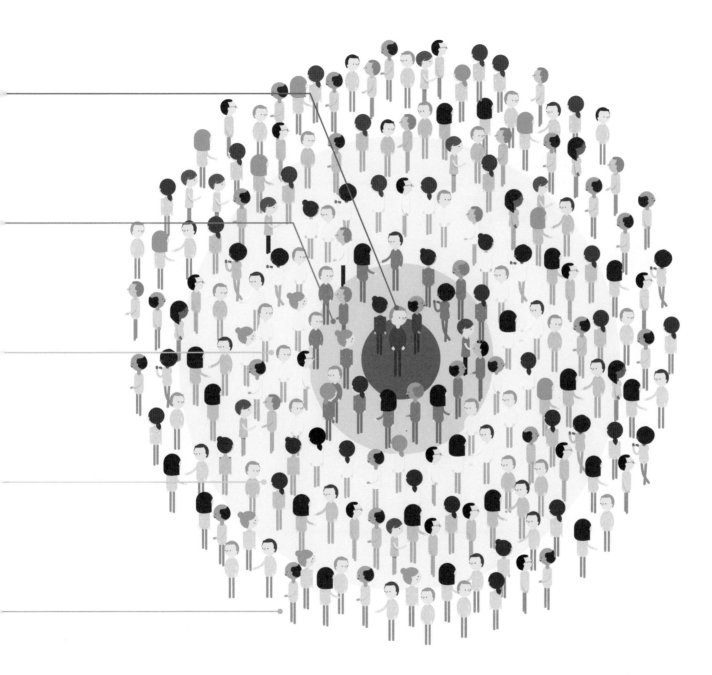

2.4

Making Choices
做出選擇

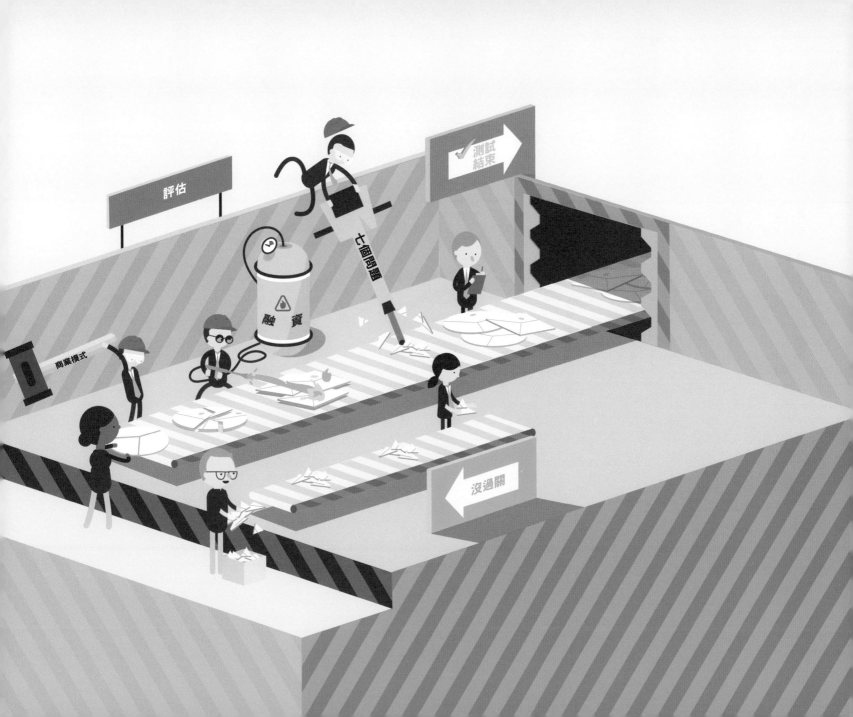

評估價值主張的 10 個問題

122

目標	成果
找出價值主張可改善之處	評估價值主張

用前面章節介紹過的卓越價值主張 10 大特質，不斷檢視你的價值主張設計。也用這 10 大特質來整理顧客洞見，決定選擇哪幾個原型做進一步測試的時候，可將顧客洞見也整合進來。

 上網練習

1

有嵌入卓越的商業模式裡嗎？

2

有聚焦在最重要的任務、痛點，以及最不可或缺的獲益嗎？

3

有聚焦在還沒達成的任務、還沒解決的痛點，以及還沒實現的獲益嗎？

4

只集中力氣在少數幾個成效特別卓著的痛點解方與獲益引擎嗎？

5

有同時回應功能性任務、情緒性任務和社交性任務嗎？

6

有符合顧客評量成敗
的標準嗎？

7

專注在許多顧客共有
的任務、痛點和獲益
嗎？或是有少數人願
意付出高額費用？

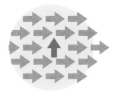

8

能與競爭對手有明顯
區隔嗎？

9

至少有個面向的表現
大幅超越競爭對手
嗎？

10

很難被模仿複製嗎？

模擬顧客的心聲

目標	成果
在「會議室內」對你的價值主張進行壓力測試	在「進入市場」前強化價值主張

在價值主張接受真實世界考驗之前，先用角色扮演的方式，將顧客的聲音和其他利益相關人的觀點「帶進會議室」。

你的價值主張能否被接受，通常取決於幾位利益相關人。顧客當然是其中之一，但還有其他人（例如公司裡的利益相關人）。挑最重要的人士，安排角色扮演，藉這些人的觀點為你的價值主張進行壓力測試。

提示

· 選出能扮演利益相關人的人。誰最能代表顧客發聲？是銷售代表、客服、現場工程人員，或親近買家的人？

· 角色扮演不能取代實際測試，你的價值主張必須在真實環境裡面對顧客和利益相關人，但角色扮演有助於你納入利益相關人的觀點、改進、提升你的構想。

· 在密集分析顧客行為後，角色扮演是引進顧客想法的有效方法。

兩位工作坊的學員進行角色扮演，其中一人扮演公司銷售代表，另一個扮演是利益相關人，例如扮演顧客。第三個人負責記錄。

銷售代表

記錄員

（重要的）顧客

**透過模擬主要參與者，
快速評估你的構想。**

顧客

採取顧客觀點，聚焦在顧客的任務、痛點和獲益，以及競爭者的價值主張。在 B2B 的情境下，考慮終端使用者、有力人士、經濟型買家、決策者和破壞者。

執行長（CEO）、資深經理人、董事會成員

納入公司領導階層（執行長、財務長、營運長）的觀點。從公司前景、方向和策略等角度，給予回饋意見。

其他內部利益相關人

你的構想要成功還需要誰支持？生產部門是其中之一嗎？必須說服銷售或行銷部門嗎？

策略夥伴

你的價值主張可能需要與策略夥伴緊密合作，你能否為他們提供價值？

政府官員

政府扮演什麼角色？是助力或阻力？

投資人／股東

他們會支持或反對你的構想？

社區

他們會不會因為你的構想受影響？

地球

你的價值主張會對環境造成什麼影響？

了解情境

價值主張與商業模式的設計永遠脫離不了情境。從你的商業模式推遠去看影響你設計與選擇原型的整個環境。環境包括競爭、科技變遷、法規限制、不斷改變的顧客需求以及其他因素。詳情請參考跨頁插圖或詳閱《獲利世代》。

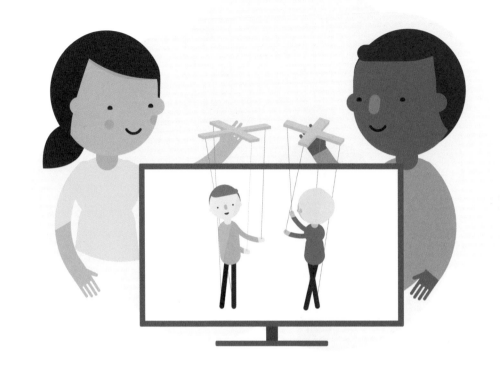

推遠全觀

產業因素
你領域中的關鍵人物,例如競爭者、價值鏈上下游、技術提供者等等。

總體經濟因素
總體趨勢,例如全球市場情況、能否取得資源、大宗商品價格等等

關鍵趨勢
影響你所處環境的關鍵趨勢,例如科技創新、法規限制、社會趨勢等等

市場因素
顧客相關的重要議題,例如增加顧客層、顧客轉換產品或服務的成本,以及不斷變動的任務、痛點、獲益。

拉近聚焦

參與式電視節目

想像你是電影從業人員。目前為止,你一直和巨星合作,為全球各地的戲院和觀眾製作電影與電視影集。但你想試試開發新通路構想。

你的創意團隊希望深入研究一個構想:參與式電視節目,也就是觀眾可以加入意見,把電視影集的故事情節眾包給觀眾一起發展。

Osterwalder & Pigneur, Business Model Generation, 2010.

圖解說明：
參與式電視節目

簡述你所處的產業環境，並詢問哪些元素看來是……

- 能強化價值主張的大好機會（以**綠色字**標示）
- 會破壞或局限價值主張的威脅和限制（以**紅色字**標示）

網路工具讓大家易於參與

生產民主化

使用者主導的內容可能擾亂產業生態，不利內容的專業生產。

對熱情觀眾而言，社群媒體是強力行銷管道。

推銷民主化

規模不再重要：每個人都能接觸到數百萬個用戶。

電視和網路結合能產生很好的互動經驗。

電視＋網際網路的連結

使用者產生的內容比較不會侵權。

侵權行為

侵權行為增加。

很難把觀眾從已有規模的平台拉開，例如 Netflix 和蘋果公司。

平台忠誠度

遊戲產業

採用讓顧客參與的價值主張，遊戲產業從業人員可能更有機會成功。

才藝成本降低。

明星的才藝成本

產生經常性收入的定價模型（訂購）很適合共同創造者的社群。

訂戶定價

和網路一起成長的使用者世代每天都上網。

網路世代

考量競爭對手

讓我們聚焦在設計和決策環境中的一個元素：你的競爭對手。把你與對手的價值主張都放在策略圖（Strategy Canvas）上，比較彼此的表現差異。策略圖是《藍海策略》（*Blue Ocean Strategy*）的圖像工具，簡單有力，視覺化，並比較你的價值主張的「利益」是否表現較好。

在這幅跨頁插圖，我們比較《價值主張年代》、高階主管課程與大規模開放線上課程（MOOC）的表現。我們的作法是繪製一張策略圖，X 軸上有一些競爭因素，然後標出不同競爭對手面對每個因素的表現。這些競爭因素是從我們與競爭者的價值地圖上選出來的。

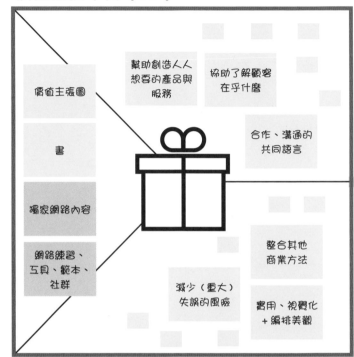

價值主張年代（VP）

從你的價值主張選出最重要特色當成競爭因素放在策略圖上。

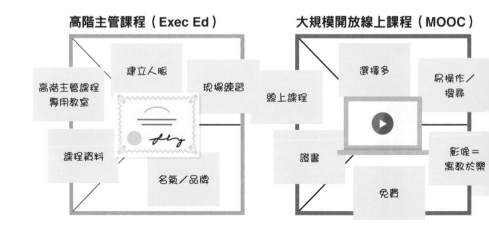

高階主管課程（Exec Ed）　　　**大規模開放線上課程（MOOC）**

Kim & Mauborgne, Blue Ocean Strategy, 2005.

策略圖

《價值主張年代》vs 高階主管課程 vs 大規模開放線上課程
三大價值主張比較

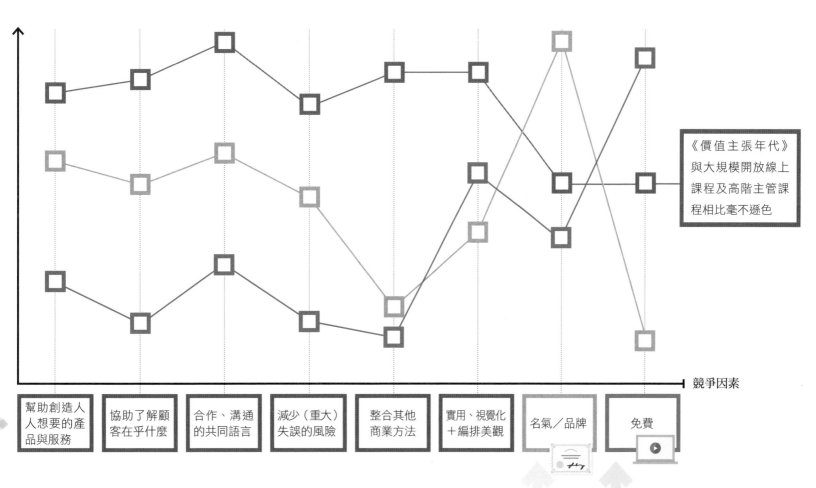

《價值主張年代》
與大規模開放線上
課程及高階主管課
程相比毫不遜色

競爭因素

| 幫助創造人人想要的產品與服務 | 協助了解顧客在乎什麼 | 合作、溝通的共同語言 | 減少（重大）失誤的風險 | 整合其他商業方法 | 實用、視覺化＋編排美觀 | 名氣／品牌 | 免費 |

STRATEGYZER.COM / VPD / DESIGN / 2.4

與競爭對手的價值主張比較

目標	成效
了解自己相對於別人的表現	與競爭對手的比較圖

使用《藍海策略》的策略圖,標出你的價值主張相對於競爭對手表現如何。然後比較曲線,評估你與對手的區隔。

說明

逐步畫出策略圖,比較你和競爭對手的價值主張。

1. 準備或選一個價值地圖來做這項練習。
2. 拿一大張白報紙或準備白板備用。
3. 依步驟執行。

2

選擇競爭因素。

畫一條水平軸線(X軸)。選擇你要用來和競爭對手一較高下的痛點解方和獲益引擎,這些是策略圖上的競爭因素。

提示

如果你覺得痛點和獲益是重要的競爭因素,也可以酌量增加。

3

為你的價值主張打分數

畫一條垂直軸線(Y軸)來代表價值主張的表現,由低到高或0到10分打分數。標示出你的價值主張相對於X軸上每個競爭因素的表現(如痛點解方和你選擇的獲益引擎)。

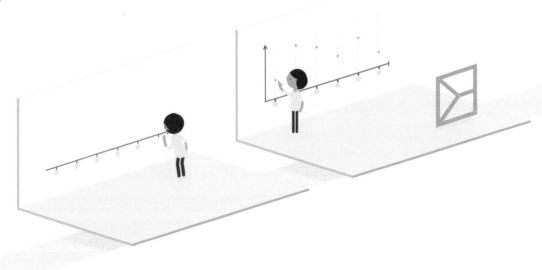

1

選擇一個價值主張。

選擇你想比較的價值主張(原型)。

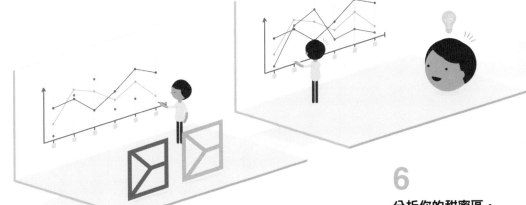

6

分析你的甜蜜區。

分析曲線，找出機會所在。問問自己，你的價值主張與競爭者的有區別嗎？如何區別呢？

提示

用來比較的競爭因素要符合顧客素描中最重要的任務、痛點和獲益。這通常很合理，因為痛點解方和獲益引擎就是為了回應相關任務、痛點和獲益而設計。

5

為對手的價值主張打分數。

標示出競爭對手的價值主張表現，如同對自己的價值主張給分一樣。

提示

用這項工具與其他你可能選擇考慮的價值主張進行比較。

4

加入對手的價值主張。

將對手的價值主張填入策略圖，要選擇市場上最有代表性的價值主張。如有必要，填入價值主張中的痛點解方和獲益引擎作為 X 軸上的競爭因素。

提示

要將產業外有競爭關係的價值主張考慮在內。別只是比較與你的產品和服務近似的價值主張。

避免認知謀殺，回饋更精準

向大家簡報你的價值主張，可以蒐集回饋意見、獲取支持，並補強到這個階段的「分析性評估」與測試，這在稍後章節討論。

簡報時，要用簡單到大家都了解的方式說明你的構想，前後一致，才有最佳效果。如果你花盡心力設計卓越的價值主張，但是簡報卻一點不吸引人，那就可惜白費時間與資源了。

清楚、具體的簡報你的概念，是整個設計過程中非常重要的部分。在微調價值主張前，早點簡報說明、製作粗略原型，讓各個利益相關人支持你的構想。到設計後期再做微調精緻的簡報。

簡報價值主張最重要的是，始終記得要講的是顧客的任務、痛點與獲益，絕不能只推銷功能，要強調你的價值主張如何幫助顧客完成重要的任務、消除極度困擾的痛點、創造不可或缺的獲益。

132

簡報教戰手則

√ 務必做到	× 千萬不要
簡單	複雜
具體	抽象
挑重點講	知無不言、言無不盡
以顧客為中心	以功能為中心
一次講一個訊息	一次傾倒所有訊息
有多媒體輔助	沒有視覺輔助
有故事主軸	隨機陳述

使用低擬真度的原型，使構想更具體

簡報時，永遠要講回顧客的任務、痛點和獲益。

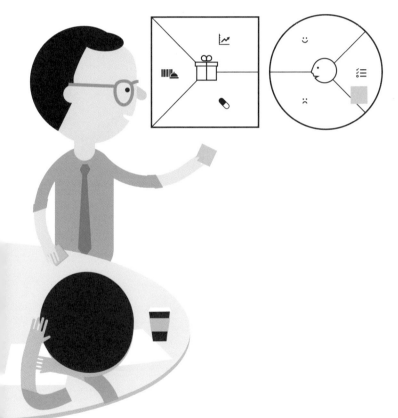

1. 由空白的價值主張圖、顧客素描圖開始，至少要簡短向聽眾介紹這是什麼圖。

2. 從與聽眾相關、大家易於了解的地方開始簡報，可以從產品開始講，也可以從任務開始。

3. 一邊講，一面逐步把便利貼一張一張貼到空白圖上，來說明你的價值主張，才不會造成聽眾被「認知謀殺」，聽不下去。你講的重點與貼上去的便利貼要同步。你講的創造價值的故事，要將產品與服務連結到顧客的任務、痛點、獲益上。

 可付諸行動的商業模式圖

 高擬真度的原型

 測試數據資料

 顧客訪談和錄影

 測試過的商業模式圖

 未經測試的商業模式圖

 低擬真度的原型
（例如產品包裝盒）

 餐巾紙速寫

簡報內容與時間

你開始設計與測試的方式不同，簡報介紹的原型就不同。

批評的藝術

練習給予回饋的技巧，協助讓構想持續演進，而不是熄火停滯。這對簡報構想的回饋接收者與提出建議的回饋提供者來說，都很重要。

　　跟專業設計者學習。設計產業的人被訓練及早簡報構想，要給予回饋的人也被訓練提出建設性的設計批評，這與商業世界給予回饋者的情況正好相反。商業世界給予回饋的人通常是掌控董事會或諮詢委員會的領導人，他們被訓練去做決策，而不是給予回饋，如果不能快速決策，他們經常會變得緊張焦慮、或是不滿意。

　　告訴回饋提供者如何幫助構想演進（而不是做取捨），讓他們了解價值主張原型還很粗糙，會隨著設計與測試過程中演進。原型可能會被大幅修改，尤其是得知市場實際狀況後，市場的實際狀況比回饋者的意見更重要。

　　告訴回饋接收者，不管回饋提供者多麼位高權重，他們都不及顧客重要，聽從回饋提供者勝過傾聽顧客與依據市場實際情況，只不過是延後失敗而已。

取得「批評的藝術」海報。

良性回饋的文化是……

大家能自在的及早報告（大膽的）新構想，了解構想會大幅演進、改變，可能會演變為截然不同的構想。

及早報告

分辨回饋的三種類型

		+	-
意見	「如果加上＿＿＿，相信我們會有較大的成功機會。」	邏輯推理有助改良構想。	可能變成進行高層寵愛的構想。
經驗	「我們在上次專案做了＿＿＿，學到了＿＿＿。」	過去的經驗提供寶貴教訓，有助避免昂貴錯誤。	未理解不同的情境會導致不同的結果。
（市場）實際情況	「我們進行調查，得知有＿＿＿%的人因為＿＿＿＿困擾不已。」	提供能降低不確定性和（市場）風險的意見。	使用錯誤數據或數據欠佳，可能會因此錯失大好機會。

別判斷好壞

傾聽

發展構想

領導人和決策者接受訓練，對早期構想提供回饋，協助構想演進。他們知道自己的看法不一定與市場實際狀況一致，但不以為意。

千萬不要 ✕	打壓報告(大膽)新構想的人。	僅提報修整過的構想給高層主管或決策者。	討論冗長、沒有組織、天馬行空、耗費時間。	允許純粹的個人意見不斷衍生。	陷入政治考量和個人盤算，取代創造價值的情境。	創造負面動能，摧毀具創造性的正面能量。	有扼殺大構想的文化，因為實現構想太困難了。	問「為什麼要？」
務必要 ✓	營造讓大家能自在報告(大膽)構想的環境。	培養出對演進中的構想早點提供回饋的文化。	進行有組織、有人引導的回饋。	基於經驗或（市場）實際情況給予回饋。	鼓勵以顧客為主、沒有政治考量的回饋文化。	引進有趣和具生產力的回饋流程。	區分出難以做到和值得一試的事。	問「為什麼不?」以及「還有其他的嗎？」

用六頂思考帽蒐集有效回饋

使用狄波諾（Edward de Bono）的六頂思考帽，蒐集對構想、價值主張和商業模式的回饋意見。這個方法很有效，尤其在大團體裡，也有助於避免無止盡的討論浪費了時間。

目標	成果
有效蒐集回饋意見，避免漫長討論	了解構想的優缺點以及改進之道

讓工作坊的學員戴上六種顏色的帽子，代表不同的思考模式。這個技巧讓你快速蒐集不同類型的回饋，不會純粹因為政治考量而否決掉構想。用狄波諾六頂思考帽的其中四頂來蒐集回饋意見。

1

簡報

視構想進行階段進行 3-15 分鐘

設計團隊簡報構想和價值主張，以及／或者商業模式圖。

2

白帽子

資料和數據；中立和客觀

視構想階段進行 2-5 分鐘

「觀眾」提問釐清，以便於完全了解構想。

3a

黑帽子

困難、缺點、危險；找出風險所在

用 1 分鐘寫下意見

學員在便利貼上寫下為什麼這個構想不好。

3b

3 分鐘蒐集回饋意見

帶動討論者快速蒐集一張張的回饋意見，貼在白板上，由學員大聲唸出來。

提示

· 這個練習需要很強的帶動討論技巧。讓大家不會在戴白帽子該問釐清性問題時，發表個人意見。

· 不管個人是愛死了還是痛恨這個構想，每個人都要戴上白色、黑色、黃色、綠色的帽子。

· 在黃帽子之前先用黑帽子，讓極端負面思考的人恢復中立。他們一旦講出回饋意見，甚至可能變成正面思考。

· 狄波諾的六頂思考帽適用在小組、甚至個人上，也適用在協助大家想出構想會成功與失敗的所有理由。

4a

黃帽子

正面思考、加分項；這個構想為什麼好

用 1 分鐘寫下意見

學員在便利貼上寫下這構想為什麼好。

4b

3 分鐘蒐集回饋意見

帶動討論者快速蒐集一張張的回饋意見，貼在白板上，由學員大聲唸出來。

5

綠帽子

創意、其他選項、其他可能性；
黑帽子問題的解決方案

5-15 分鐘開放討論

全場開放討論。學員對簡報提出的構想提供建議，如何讓構想演進提升。

6

演進

簡報團隊加上從白色、黑色、黃色、綠色四頂帽子獲得的回饋意見，推進、提升構想。

Edward de Bono, Six Thinking Hats, 1985.

公開的民主投票

目標
公開呈現團體的偏好,避免冗長討論

成果
快速選擇構想

採用民主方式,快速公開呈現團體偏好,尤其適用在大型工作坊。這個方法又快又簡單,可為不同的價值主張和商業模式排定優先順序,避免冗長討論。

3

標準

清楚說明投票標準。例如,在喜歡的構想上貼一張便利貼。

2

便利貼

工作坊的每個學員領到相同數量的便利貼(例如 10 張),每個便利貼等同一張選票。

1

構想牆

將構想或商業模式圖貼在牆上,就像展示選項的藝廊。

5

計票

計算便利貼的張數,特別標示最被看好的構想。

4

投票

學員可將所有便利貼全部投給一個構想,或是分開支持好幾個構想。

價值主張

構想	成長潛力	風險
·免費		
·和供應商合作		
·開拓新興市場		
聚焦永續性		

多重評選標準

如果想用多重標準，投票評選好幾個價值主張
和商業模式，就使用這個表格。

用民主方式票選構想，有賴於內部標準，包括
成長潛力、風險與區隔潛力。在設計過程中用
民主票選的方式，從幾個選項中決定挑出一個
送入真實世界進行測試。

確定標準
並選擇原型

目標
在許多選項中做出選擇

成果
將各種原型排序

決定哪些標準對你和你的組織最重要，在設計過程中根據這些標準挑選價值主張和商業模式。你必須為（希望有吸引力的）選項排序，不過顧客才是最後的裁判。

1

腦力激盪找標準

盡可能提出愈多評選標準，用來評量原型的吸引力。

參考下列主題和標準，決定你的選擇標準。

符合策略

是否符合公司整體發展方向

和策略一致	時機正確	符合風險承受度

可取代過時的商業模式

符合顧客洞見

是否符合第一次市場調查得到的顧客洞見

是重要的任務	欠缺優異解決方案	有具體可見的痛點

有力的顧客證據

競爭和環境

構想如何幫企業在競爭中定位

提供競爭優勢	符合科技發展和其他趨勢	允許差異化

與現行商業模式的關係

構想如何嵌入目前的商業模式，或是如何不建立在目前的商業模式上

符合品牌精神	符合目前的商業模式	利用現有優勢	克服弱點

影響現有的獲利產品

財務表現與成長

每個構想在成長與財務上的潛力如何

市場規模	營收潛力	市場成長	毛利率

落實標準

由設計到上市，執行構想的困難度多高

上市時間	製造成本	有合適的團隊和技能嗎	接觸目標客層的管道

科技風險	執行風險	管理階層抗拒的風險

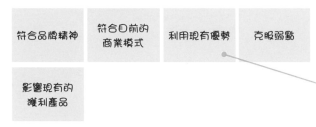

2

選定標準

選擇對你的團隊和組織
最重要的標準。

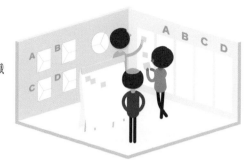

評選標準	原型A：**36**	原型B：**32**	原型C：**12**	原型D：**42**
允許差異化				
利用現有優勢				
市場成長				

3

為原型打分數
（0（低）-10（高））

依評選標準為每項創意
打分數。

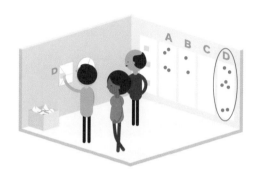

4

**持續改進原型，從市
場中探索**

推進提升你的原型（依
得分決定），進行市場
測試，以了解構想是否
確實有潛力。

2.5

Finding the Right Business Model
找到正確的商業模式

為顧客和你的事業
創造價值

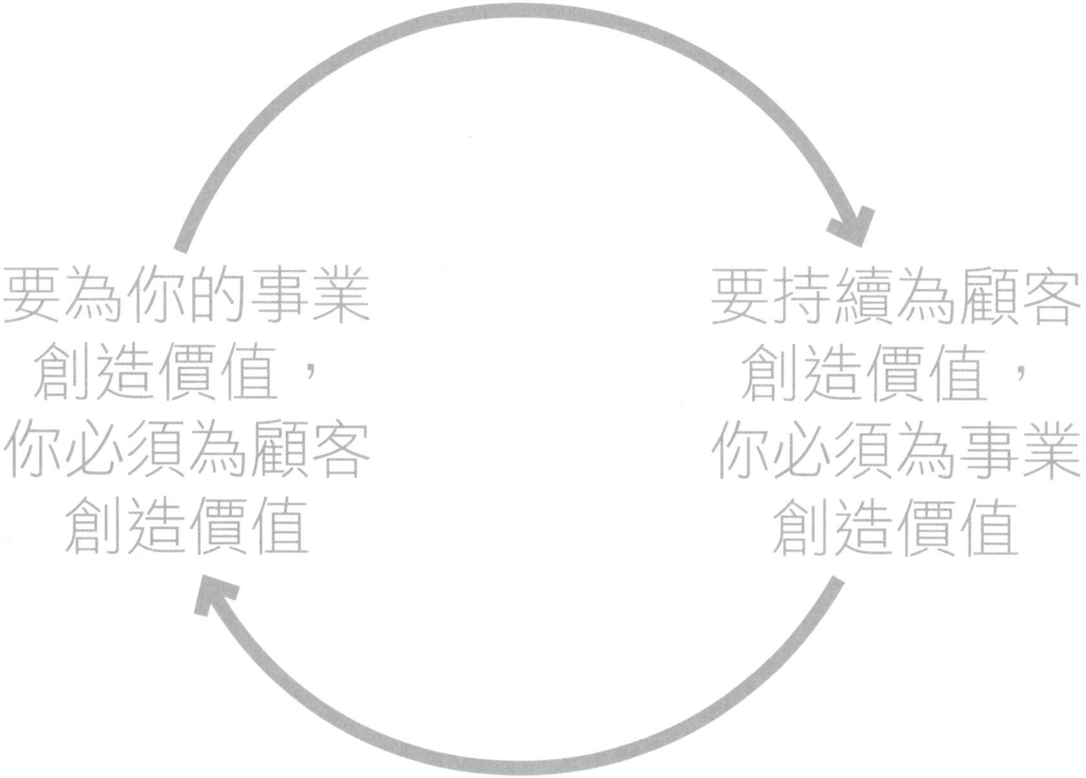

要為你的事業
創造價值，
你必須為顧客
創造價值

要持續為顧客
創造價值，
你必須為事業
創造價值

即使有最成功的價值主張，如果企業的營收不及成本，入不敷出，還是註定失敗。這章要說明商業模式和價值主張必須經過不斷來回測試、調整，才能找到最適合的。

你在為事業創造價值嗎？
商業模式圖清楚顯示如何為事業創造價值與獲利。

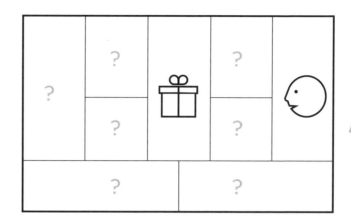

推遠觀看全局，分析你是否能夠圍繞著針對某個客層的價值主張創造價值、提供產品與服務、並且能夠為自己創造獲利。

一推遠全觀

＋拉近聚焦

將鏡頭拉近聚焦，檢視商業模式裡的價值主張是否真的為顧客創造價值。

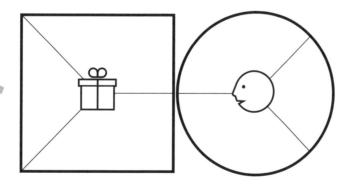

你在為顧客創造價值嗎？
價值主張圖清楚顯示如何為顧客創造價值。

Azuri（Eight19）公司：
以太陽能科技建立商業模式

1

原始構想

一個機會。

開發低成本的太陽能科技，讓低收入的民眾也能享受電力。

全球有 16 億人沒有電可用。以新科技為核心的創新性價值主張和商業模式能否提供解答？

布蘭斯菲爾德-格爾斯（Simon Bransfield-Garth）利用源自劍橋大學的塑料印刷技術創立 Eight19 公司，這個技術能製造低成本的太陽能面板。2012 年，Eight19 成立 Azuri 公司，將這項技術商業化，讓不在電網覆蓋下、快速發展的農村，也有電可用。

在這種情景下找到正確的價值主張和商業模式並不容易。我們在下面幾頁圖解說明這反覆修改調整的過程。

Azuri 商業模式：原始版本

關鍵合作夥伴 🔗	關鍵活動 ✓	價值主張 🎁	顧客關係 ♥	目標客層 ●
劍橋大學		利用便宜的太陽能，把家點亮		非洲鄉村消費者
	關鍵資源 🏭		**通路** 🚚	
	為製造低成本太陽能面板而設計的塑料印刷科技			

成本結構 🏷	收益流 💰

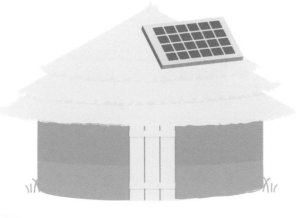

拉近聚焦

$70

2

觀察

成本障礙

「每天賺 3 美元的鄉村農民無力負擔 70 美元的太陽能電力系統。」

免費

3

設計

如果⋯⋯？

提供免費安裝太陽能系統，可以排除先期投資的障礙。

Azuri 價值主張：原始版本　　　非洲鄉村消費者

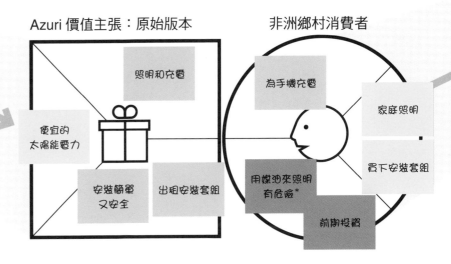

照明和充電

便宜的太陽能電力

安裝簡單又安全　出租安裝套組

為手機充電

家庭照明

買下安裝套組

用煤油來照明有危險*

前期投資

*另一個照明方式是燒煤油，既貴又危險。

4

第 2 回合

商業模式構想

太陽能系統收取固定租金；也適用原有的傳統太陽能面板；找資源和合作夥伴，提供顧客融資貸款裝設太陽能。

148

推遠全觀

Azuri 商業模式：版本 1

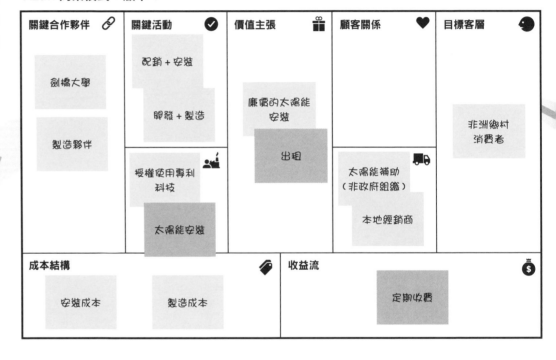

拉近聚焦

5
觀察

金融障礙
欠缺便利的銀行系
統，如何收取定期租
金？

6
設計

低科技解決方案
太陽能科技配合手機
與有付款代碼的刮刮
卡，就可以付費購買
電力時段。

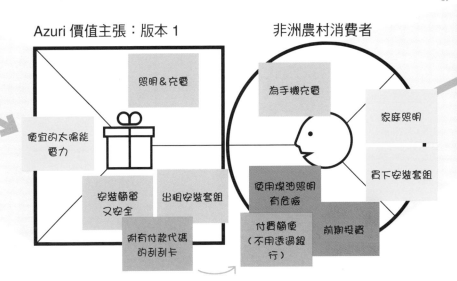

Azuri 價值主張：版本 1 　　　非洲農村消費者

照明＆充電

便宜的太陽能電力

安裝簡單又安全　出租安裝套組

附有付款代碼的刮刮卡

為手機充電

家庭照明

買下安裝套組

使用煤油照明有危險

付費簡便（不用透過銀行）　前期投資

7

第 3 回合

Azuri 的商業模式構想

Azuri 與合作廠商聯手提供整套的太陽能電力服務，包括 Indigo 隨用隨付的照明與充電系統，顧客購買週費刮刮卡，支付一週使用電量。營收模式跟著調整。

推遠全觀

Azuri 商業模式：版本 2

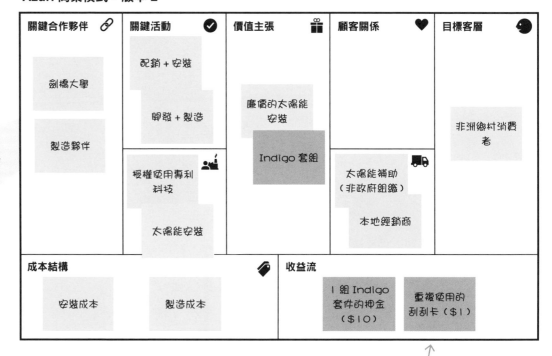

關鍵合作夥伴 🔗	關鍵活動 ✔	價值主張 🎁	顧客關係 ❤	目標客層 😮
劍橋大學	配銷 + 安裝	廉價的太陽能安裝		非洲鄉村消費者
製造夥伴	睭發 + 製造	Indigo 套組	太陽能補助（非政府組織）	
	授權使用專利科技 🏭		本地經銷商	
	太陽能安裝			

成本結構 🏷	收益流
安裝成本　　製造成本	1 組 Indigo 套件的押金（$10）　　重複使用的刮刮卡（$1）

大家都買得起刮刮卡付費，就可以慢慢攤付安裝費用

所以……

顧客會覺得 Indigo 的價值主張有吸引力嗎？

STRATEGYZER.COM / VPD / DESIGN / 2.5

$10

$1

免費

升級

時間 →

購買 Indigo 套組（太陽能面板、燈、充電器）

購買刮刮卡，利用手機的簡訊功能，輸入密碼至 Indigo，就可以購買使用一段時間的電力（通常是一星期）。

80 張刮刮卡就能免費擁有 Indigo 套組，或……

升級至更大的系統、使用更多電；或繼續購買刮刮卡。

從價值主張到商業模式……

STRATEGYZER.COM / VPD / DESIGN / 2.5

目標
練習把價值主張和
商業模式連結起
來，沒有風險

成果
提升技能

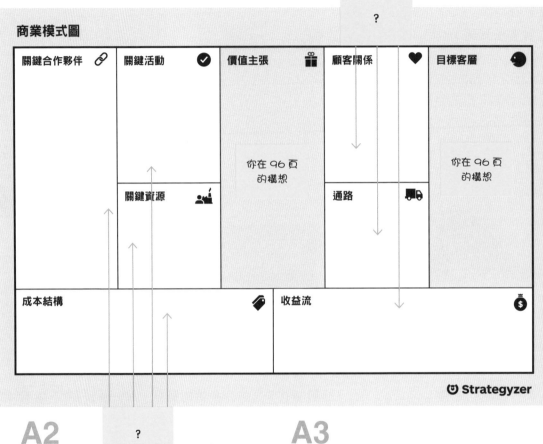

A1

幕前

製作營收模式原型，選擇配銷通路，並找出顧客會接受的銷售方式。

商業模式圖

關鍵合作夥伴 🔗	關鍵活動 ✓	價值主張 🎁	顧客關係 ❤	目標客層 👤
	關鍵資源 👷	你在 96 頁的構想	通路 🚚	你在 96 頁的構想

成本結構 🏷	收益流 💰

🟡 Strategyzer

◉ 從 p. 96

步驟 A

設計出完整的商業模式

在第 96 頁，你已經想像出一個價值主張，將創新的壓縮氣體儲能技術商業化。現在，填入其他商業模式元素，寫下粗估數字。（步驟 A）

A2

幕後

加上商業模式成功運作所需的關鍵資源、關鍵活動以及合作夥伴，以此估算成本結構。

A3

評量

評量你的原型，找出這個商業模式可能的弱點 ◉
p.156

步驟 B

重看價值主張

評量（步驟 A 的）第一個商業模式原型有何弱點。問問自己，如何能改良或改變原始的價值主張，是否該轉移陣地鎖定完全不同的目標客層，可以從下面五個問題思考：

拉近聚焦

B1

新價值主張？

同樣的技術會有另一個截然不同的價值主張嗎？

B2

新目標客層？

你會繼續鎖定同一個目標客層，或換一個完全不一樣、也許規模更大的客層？

提示

透過顧客研究 ➔ p.106 與資料證據 ➔ p.216，持續檢視你對顧客的價值主張

B4

修改或刪除利益？

顧客素描改變，需要修改或刪除價值主張創造的利益嗎？

B5

達成價值適配？

新的顧客素描和新近設計的價值主張是否達到價值適配？ ➔ p.40

B3

調整或重做顧客素描？

要調整顧客素描嗎？或是換了目標客層，必須重做顧客素描？

➔ 必要時重複步驟 A。

153

STRATEGYZER.COM / VPD / DESIGN / 2.5

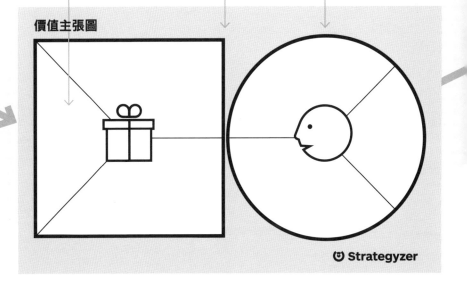

價值主張圖

⊌ Strategyzer

數據壓力測試：
以醫療技術為例

卓越的價值主張如果沒有財務健全的商業模式，持續不了太久。最糟糕的結果就是失敗，因為商業模式的成本超過所創造的營收。不同的商業模式即使都行得通，每個產生的結果也各不相同。

試試看不同的商業模式和財務假設，找出最佳方案。這裡用醫療技術為例。這個跨頁有兩個不同的模式，兩個模式開始的技術一樣，都是從能夠生產平價檢測器材的技術開始。

　　Medtech 原型 1 創造 5,500 萬美元的營收和 50 萬美元的獲利。Medtech 原型 2 從同樣的技術出發，但價值主張和商業模式不同，創造超過 3,000 萬美元的營收，以及 2,300 萬美元的獲利。

　　最終只有市場能證明這兩個模式到底哪個行得通。但是，你當然想要探究與測試出最好的選擇。

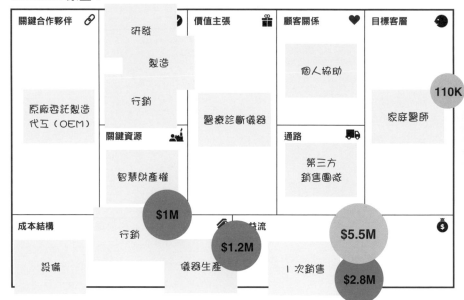

Medtech 原型 1

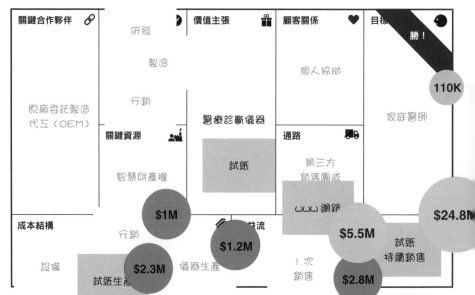

Medtech 原型 2

商業模式 1：銷售醫療診斷儀器

· 一次性交易，把檢測器材賣給美國家庭醫生，
　一套器材 1000 美元。
· 市占率 5%
· 透過第三方銷售團隊銷售，佣金 50%
· 生產變動成本每套 $225 美元
· 固定行銷支出 $100 萬美元

成本	收益
生產儀器，120 萬	儀器銷售，550 萬
行銷，100 萬	
銷售佣金，280 萬	
淨利 50 萬	

商業模式 2：試紙耗材帶來經常性收入

· 每次檢測都需要試紙耗材
· 經常性營收，每月每套檢測器材平均需要 5 張
　試紙，每張試紙 75 美元。
· 試紙的變動生產成本為每張 7 美元

成本	收益
生產儀器，120 萬	儀器銷售，550 萬
行銷，100 萬	試紙銷售，2480 萬
銷售佣金，280 萬	
生產試紙，230 萬	
淨利，2300 萬	

$50 萬 美元

獲利

快速列出數字，就可以快速理性檢視，發現這個模式獲利不好，應該回頭去找可能的改變，調整商業模式。

獲利

同樣技術配合不同的商業模式，獲利潛力高得多。雖然這些數據尚未經過驗證，但顯然是比較有潛力進入測試階段的原型。

$2300 萬 美元

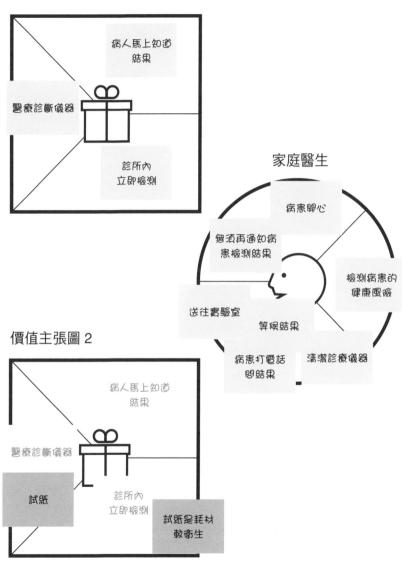

價值主張圖 1

家庭醫生

價值主張圖 2

評估商業模式設計的七個問題

STRATEGYZER.COM / VPD / DESIGN / 2.5

目標
挖掘改良商業模式的可能性

成果
商業模式評量

卓越的價值主張應該被放入卓越的商業模式。有些設計比較好的商業模式能創造較好的財務表現，比較難被模仿複製，而且能夠超越競爭對手。

用下列七個問題，替你的商業模式設計評分：

1. 轉換成本

顧客轉換到另一家公司的難易程度

2. 經常性營收

每一筆銷售都是新的開始嗎？還是可以保證有後續購買與營收？

我的顧客被抓住好幾年沒有離開。

我的銷售 100% 會自動產生的經常性營收。

10
○
○
○
○
○
○
○
○
○
0

10
○
○
○
○
○
○
○
○
○
0

沒什麼能抓住顧客讓他不想離開。

我的銷售 100% 是一次性銷售。

蘋果 iPod 讓用戶將他們的音樂收藏到 iTunes 軟體，顧客就較難換到其他地方。

雀巢將原本一次性交易的咖啡產品，轉為能創造經常性營收的模式，銷售雀巢專屬咖啡機使用的咖啡膠囊。

下載「評估商業模式設計的七個問題」

3. 收入 vs 支出

能在成本發生前,就創造營收嗎?

4. 改變遊戲規則的成本結構

你的成本結構和競爭對手截然不同,而且更好?

5. 借力使力

你的商業模式可讓顧客或第三方為你免費創造價值嗎?

6. 規模化

你能輕易避開障礙(例如基礎建設、客服、招募)、追求成長嗎?

7. 免於競爭

商業模式可保護你免於競爭嗎?

我在發生銷貨成本前,已經 100% 創造營收。

我的成本比起同業至少低 30%。

我的商業模式全由外部人士免費創造出價值

我的商業模式可以讓事業成長不受限制。

我的商業模式提供難以跨越的鴻溝。

10	10	10	10	10
0	0	0	0	0

我在創造營收之前,銷貨成本已經 100% 產生。

我的成本比起同業至少高 30%。

我的商業模式全由我付出成本,創造出所有價值。

我的商業模式需要投入大量資源和精力才能成長。

我的商業模式沒有防護,容易被競爭對手打垮。

個人電腦(PC)以前都是先生產製造再銷售,有庫存跌價的風險。戴爾公司(Dell)改變產業規則,直接銷售個人電腦給顧客,先得到營收、才組裝電腦給顧客。

Skype 與 WhatsApp 利用免費的網際網路基礎架構提供通訊與簡訊服務,打破電信業的產業規則,不像電信業者揹負沉重的資本支出。

臉書商業模式中,大部分的價值來自 10 多億用戶免費提供的內容。類似的例子還有信用卡,商家和消費者免費為信用卡業者創造價值。

授權和加盟連鎖能非常快速擴大規模,平台業者也是。臉書和 WhatsApp 用少數員工就可以服務數億用戶。信用卡業者也是規模化的有趣範例。

強大的商業模式常難以競爭超越。如 Ikea 只有幾個仿效者。同樣的,像蘋果 App 商店這樣的平台模式,也提供壁壘高築的護城河。

Designing in Established Organizations
在既有組織
進行設計

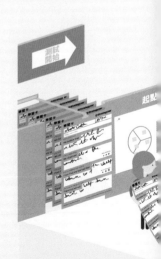

用正確的態度
創造新發明或改善

既有組織必須積極改進現行價值主張與發展新的價值主張。在接手專案之初，要知道自己在創新到改善的光譜哪端，因為要具備的態度和流程不同，卓越的企業會有許多不同的專案，覆蓋從創新到改善的整個光譜。

創新

宗旨	設計新的價值主張，不管現行價值主張和商業模式的限制（儘管領導階層可能給其他限制）。
有助於	·積極投資未來
	·冒險嘗試
	·出現改變遊戲規則的科技、法規改變等
	·回應競爭對手破壞式創新的價值主張
財務目標	年營收成長至少 50%（指特定公司）
風險和不確定性	高
顧客知識	低，可能不存在
商業模式	須快速調整或改變
面對失敗的態度	看作是學習和檢視修改過程的一部分
心態	開放探索新的可能性
設計方式	對價值主張（和商業模式）做巨幅／破壞式改變
主要活動	搜尋、測試和評估
範例	*亞馬遜網路服務*
	設計出資訊科技基礎設施的新價值主張，瞄準全新客層。仰賴既有的關鍵資源和活動，但須大幅擴張亞馬遜的商業模式。

改善

改善現行價值主張,不大幅更改或影響基本的商業模式。

· 更新過時的產品和服務
· 確保或維持價值適配
· 改善獲利潛力或成本結構
· 維持成長力道
· 解決顧客抱怨

年營收成長 0 到 15%(指特定公司)

低

高

幾無變化

不是選項

聚焦在改善一個或數個面向

逐步改善或修訂現行價值主張

改造、計畫和執行

亞馬遜頂級會員方案(Amazon Prime)

瞄準亞馬遜常客的特殊優惠會員方案

在創新和改善中間:延伸概念

在創新到改善的光譜裡,常見的狀況是必須找到新的成長引擎,但毋須大幅改變現行商業模式。這經常需要重新啟動投資於既有商業模式與平台。

這裡的目的是尋找新價值主張,大幅延伸現有商業模式,無須修改太多面向。

例如,亞馬遜推出 Kindle 閱讀器,創造一個新通路,銷售數位產品給亞馬遜的顧客。雖然這對顧客來說是新的價值主張,但大體上仍不出亞馬遜經營有成的電子商務商業模式範疇。

提示

卓越的公司管理眾多價值主張和商業模式,覆蓋從創新到改善整個光譜,綜效和競爭衝突都清楚呈現。他們在經營成功的時候就主動追求創新,而不是等危機出現才被動改變。

未來的商管書

想像你是出版商管書的出版社。你要如何改善現有產品並創造未來的商管書，那可能根本不再是一本書？我們沿著創新和改善的光譜，擬出三個構想。

創新

商業學習的 YouTube

商管專家的線上影音平台，服務要找解答的顧客，需要大幅延伸或創新出版社的商業模式。

免付費服務專線

延伸實體書、增加免費語音服務，提供顧客線上解答。這雖然是建立在既有的商業模式上，但是需要從銷售模式、轉變為服務模式。

這個構想要徹底改變商業模式，淘汰原有商業模式。

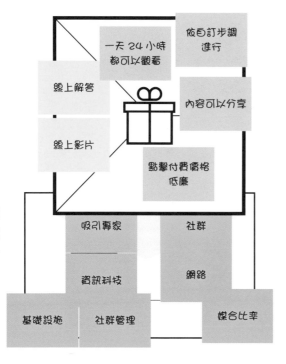

增加服務，在現行商業模式上再加一層，而不是改變商業模式。

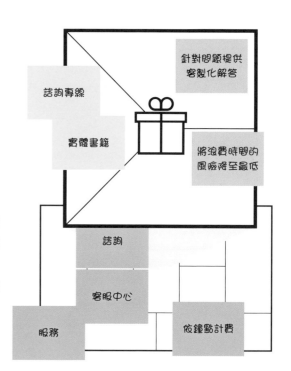

改善

更實用的商管書

將商管書變得更視覺化、更可實際操作使用，但是不用大幅改變核心商業模式。

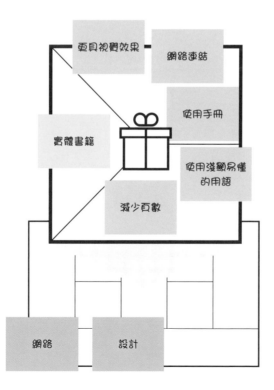

稍加改良價值主張，並小幅修改商業模式。

愈往創新的方向移動，新的價值主張和目前的價值主張就有愈大差別。設計新的價值主張讓你有機會更貼近回應顧客重視的任務（在這個案例是為商業問題找答案）。

我們的三層式價值主張包括實體書籍、線上可分享的實用內容，以及進階的線上課程，我們希望藉此打破商管學習與實做的界線。

本書價值主張結合 Strategyzer.com 的線上練習和素材，嘗試更貼近回應我們認為讀者重視的任務。

創新模式：
從銷售產品轉為……

營建設備製造商喜利得重新設計價值主張和商業模式，從銷售產品轉為提供服務，過去是銷售掛著喜利得品牌的工具，轉變為提供服務、保證顧客隨時可以使用到他們需要的工具，這不僅徹底改變價值主張，也完全改變商業模式。

許多企業希望透過轉型重拾競爭優勢，從產品製造商、轉型為服務提供者。這需要大幅的創新、再造。

過氣的商業模式

喜利得的舊模式主要聚焦在將高品質的機械工具直接賣給營建業者。喜利得的工具以耐用、少故障聞名，大幅減少因故障更換損失的時間，整體來說成本較低。喜利得機具也以高安全性和良好操控性能著稱。

可惜的是，舊模式的毛利愈來愈差，而且有低成本對手的強烈競爭。

舊模式

營建業者

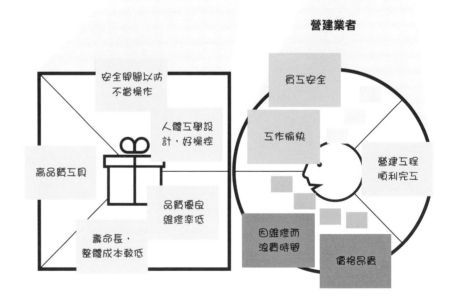

更多喜利得的故事可見 Johnson, Seizing the Whitespace, 2010

新模式

關鍵合作夥伴 🔗	關鍵活動 ✅	價值主張 🎁	顧客關係 ♥	目標客層 👥
	關鍵資源		通路 🚚	
成本結構 🏷			收益流 $	
製造　品牌　服務				

喜利得發現他們的工具與顧客更重視的任務有關，就是如期完工、不會被罰款，喜利得轉而聚焦這個新任務。他們了解到，機具故障損壞、運作失常或遭竊，可能導致進度嚴重遲滯，被罰款。喜利得因此轉向新的價值主張，提供機具相關的服務。

全新的開始

喜利得以服務為主的新價值主張保證顧客在需要的時候、需要的地點可以得到正確的工具，為營建業者創造更大的價值，這讓營建業者更精準的管理成本，創造獲利。

對商業模式的衝擊

從產品價值主張轉變為服務價值主張，聽起來簡單清楚，但是實際上需要大幅改造商業模式。喜利得在製造之外，還必須增加全新的服務資源和活動。但一切都是值得的，有了新的價值主張，喜利得的毛利提高、經常性營收增加、產品差異化更大。

營建業者

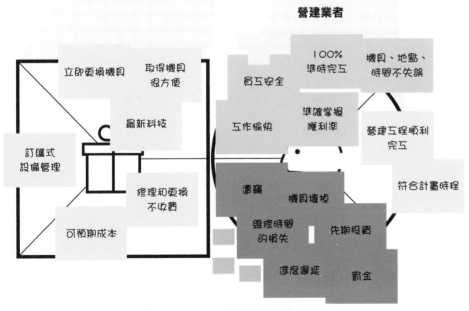

創新服務：月租型機具管理服務

找到「新」顧客和更要緊的任務：準時交付！

理想的工作坊

既有組織進行價值主張設計時，工作坊是其中重要部分。出色的工作坊有很大的影響，可以創造出更好的結果。下面的問題將協助你打造完美的工作坊。

使用便利貼可以隨意移動構想：便利貼最好有多種顏色以便分類。

使用粗奇異筆，遠遠就能看清楚寫下的構想。

用牆面大小的海報紙勾勒出構想。

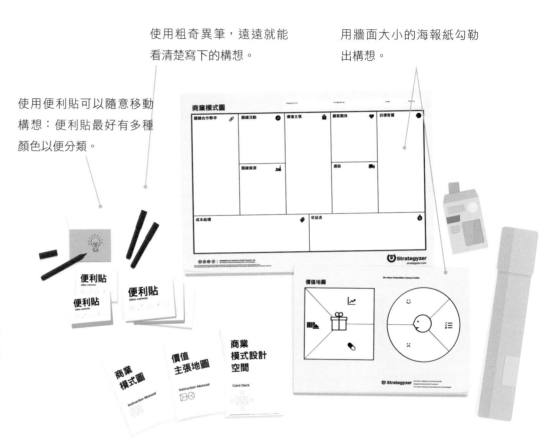

誰該參與？

邀請不同背景的人，特別是邀請那些對商業模式有實質影響的人，得到他們的支持非常重要。讓面對顧客的員工參與，藉重他們對顧客的了解。顧客或合作夥伴可能也適合加入，協助評量價值主張。

什麼形式？

首要原則，在價值主張設計初期階段，觀點多比觀點少好。如果有 10 個或以上的參與者，可以5 個人分為一組，同時探討不同可能的設計。接下來探索研究不同可能性時，參與人數就要少一點。在發展與微調價值主張的後期階段，通常參與人數更少，效果較好。

空間如何運用？

大家經常忽略空間，好好安排空間是成果豐碩的出色工作坊的一環。挑選的空間要夠大，有大牆面、寬敞的工作區，場地布置要有助於創新、協同合作、有生產力。要有突破性的成果，就選個特殊、可以啟發人心的地點。

必備品項？

安排一個自助區，放大幅海報紙、便利貼、紙張、萬用黏土、奇異筆和其他工具，讓參與者可以隨意取用。

🌀 舉辦工作坊的準備清單

進行中展示區／靈感牆

布置一區可以掛上各種模式圖和未完成的任務的地方，再設計一面「靈感牆」，展示參考模式、範例、競爭者的模式，讓大家可以參考取材。

投影機和螢幕

用來放投影片和顧客訪談錄影帶。應該要讓大家很輕鬆就看得到。

小團體區

這是完成任務的地方。一組最好有 4 到 5 個人。除非有特殊需要，否則不要使用桌椅，讓小組都留在同一個房間，不要分散到獨立房間，讓工作坊一直保持活力。

控制區

這個空間應該安排在旁邊，讓討論帶動者和各小組方便使用電腦、音響設備、Wi-Fi，也許還有印表機。

牆面

一定要有個大型垂直的牆面，可移動或是建築的一部分都行。確保能在上面貼上大型海報、便利貼和白報紙。

場地大小、外觀、氛圍

首要原則，每 10 位參與者需要 50 平方公尺的空間。能激發靈感的場地遠勝過制式無聊的旅館會議室。

共同空間

全體能聚在一起聽簡報和討論，有沒有桌子都可以。

168

設計你的工作坊

出色的工作坊能產出具體可行的結果，
用本書提供的工具和流程，草擬工作坊
大綱創造的好成果。

出色工作坊的設計原則

· 工作坊的議程要有明確主軸，讓參與者看到如
　何形成新的或改善的價值主張和商業模式。

· 帶領參與者踏上步驟繁多的旅程，但每次僅專
　注一項簡單任務（組件）。

· 避免冗長發言，最好具有組織、架構的討論，
　利用像商業模式圖等工具或像六頂思考帽的流
　程。

· 輪流以小組（4-6人）和全體進行簡報和彙
　整。

· 每項活動均嚴格管控時間，尤其是原型製作部
　分，讓所有參與者都能明顯看到計時器。

· 將議程設計為替同個價值主張（或商業模式）
　進行一連串調整。設計、批評、再調整，轉換
　角度。

· 避免在午餐後安排慢節奏的活動。

第一天

AM _____

AM _____

AM _____

PM _____

PM _____

PM _____

PM _____

PM _____

PM _____

第二天

9 AM _____

10 AM _____

11 AM _____

12 PM _____

1 PM _____

2 PM _____

3 PM _____

4 PM _____

5 PM _____

把下列文件模板當選單，
擬定工作坊議程。

開工作坊之前

做功課，蒐集顧客洞見 p.106。

開工作坊之後

實際測試你的價值主張和商業
模式 p.172。

可上網取得：

・議程範例

・樣本和說明

・齊全的資料袋

把可能性製成原型

觸發式問題 ⊕ p.15,17,31,33

畫出顧客素描 ⊕ p.22

畫出價值地圖 ⊕ p.36

餐巾紙速寫 ⊕ p.80

即興創作 ⊕ p.82

用價值主張圖解釋構想 ⊕ p.84

對設計設限制條件 ⊕ p.90

從書籍中激發新構想 ⊕ p.92

推力策略／拉力策略練習 ⊕ p.94

創新的六個方法 ⊕ p.102

做出選擇

為任務、痛點和獲益排順序 ⊕ p.20

檢查是否達到價值適配 ⊕ p.46

選擇「任務」⊕ p.100

10 個問題 ⊕ p.122

模擬顧客的心聲 ⊕ p.124

了解情景 ⊕ p.126

與競爭對手有差異 ⊕ p.128

狄波諾的六頂思考帽 ⊕ p.136

民主投票 ⊕ p.138

選擇原型 ⊕ p.140

反覆改寫商業模式

反覆調整 ⊕ p.152

數據預測 ⊕ p.154

評估商業模式設計的七個問題 ⊕ p.156

準備測試

萃取假設 ⊕ p.200

假設排序 ⊕ p.202

設計測試 ⊕ p.204

選擇實驗組合 ⊕ p.216

測試藍圖 ⊕ p.242-245

休息時間

午餐

咖啡和點心

學到的經驗

把可能性製成原型

為價值主張和商業模式的可用選項快速製作原型。不要愛上第一個構想。保持早期構想粗略簡單，丟了也不可惜，才會持續演進、改善。

了解顧客

想像、觀察和了解顧客。設身處地的思考，弄清楚他們在工作和生活中想達成的目標，了解是什麼讓他們做不到，發掘他們期待的成果。

找到正確的商業模式

搜尋埋藏在正確商業模式裡的正確價值主張。每項產品、服務和技術都可以有不同的模式。欠缺完整的商業模式，即使是最卓越的價值主張也可能失敗。正確的商業模式可能是決定成敗的關鍵。

te

st
測試

3

決定**測試項目** p.188，降低新創或改善價值主張構想的風險和不確定性。接著，**逐步測試** p.196，並參考**實驗資料室** p.214，最後**彙整結果** p.238，評量計劃進展。

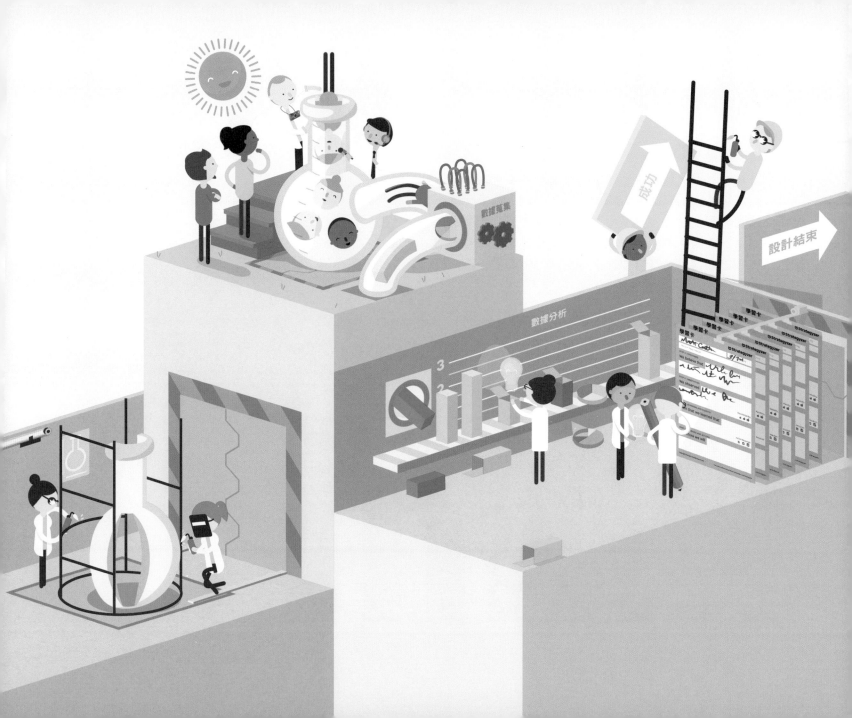

開始實驗，
降低風險

一開始探索新構想，通常就進入不確定性最高的階段。你不知道構想可不可行，放在企劃書上再三調整並不會提高成功機率，最好用便宜的實驗去做測試，從中學習，逐步降低不確定性。隨著確定性逐漸提高，也慢慢增加實驗、原型製作和試行方案的費用。對價值主張圖和商業模式圖的每個面向進行測試，從顧客到合作夥伴都不能遺漏（例如，通路合作夥伴）。

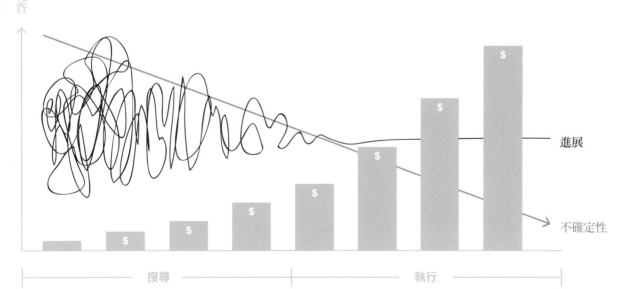

花費

進展

不確定性

搜尋　　　　　　　　　　　執行

商業企劃與實驗流程

過去，開始新創事業的第一步就是寫商業企劃書。有更多的了解後，我們知道，在確定性夠高的熟悉環境裡，商業企劃書是絕佳的執行性文件。但是，新創事業通常是在高度不確定性的情況下，因此，有系統的測試各種構想，學到哪些可行、那些不可行，遠比寫企劃書有用多了。甚至有人認為先計劃反而會大幅提高風險。精雕細琢的企劃會給人錯覺，以為只要執行正確就不會出大錯。但構想從發想到準備上市的過程中會有很大的改變，也常胎死腹中，你必須實驗、學習、自我調適以便因應變化，逐步降低風險和不確定性。接下來幾頁將深入探討這實驗過程，也就是大家熟知的開發顧客與精實創業。

商業企劃 ←———————————————→ **實驗**

應用至新創事業

商業企劃		實驗
我們知道	**態度**	顧客和合作夥伴知道
商業企劃	**工具**	商業模式圖和價值主張圖
規劃	**流程**	開發顧客和精實創業
辦公室內	**地點**	辦公室外
計劃的執行	**關注點**	實驗和學習
過往的成功案例	**決策基礎**	由實驗獲知的事實和見解
未充分探討	**風險**	經學習降至最低
規避	**失敗**	視為學習和進步的手段
被詳細計畫掩蓋	**不確定性**	透過實驗來面對和降低不確定性
一堆文件和報表	**細節**	實驗的證據
假設	**數據**	有證據基礎

測試的 10 個原則

以一系列實驗測試價值主張的構想時，請應用這 10 個原則。實驗流程嚴謹，就會產出資料、數據，證明什麼可行、什麼不可行，讓你據此調整價值主張和商業模式，逐步降低風險和不確定性。

🌐 取得「測試的 10 個原則」海報

1
事實證據超越個人意見。

不管是你、你的老闆、投資人，或其他人怎麼想，都不能壓過（市場）證據。

2
擁抱失敗，加快學習、降低風險。

測試構想總會碰到失敗，代價不高的失敗、快速失敗，可以學更多，也就降低了風險。

3
早測試，後調整。

在下結論或詳述構想之前，早點進行便宜的實驗，蒐集洞見。

4
實驗 ≠ 現實。

記住，實驗是個透鏡，你透過它去了解事實。雖然實驗是絕佳指標，但畢竟不是現實。

5
平衡學習和願景。

整合測試結果，但不放棄你的願景。

6

找出構想終結者。

由最關鍵的假設開始測試，因為這個假設可能全盤推翻你的構想。

7

首要工作是了解顧客。

先測試顧客的任務、痛點和獲益，才測試你的解決方案。

8

一切都要量化。

有效的測試會產出量化的學習，給你可據以行動的洞見。

9

事實並非百分百可信。

受訪者也許會說一套做一套，要判斷證據的可靠性。

10

不可逆的決定，要先加倍測試。

如果決定會產生不可逆的影響，要經過特別周全的考慮。

開發顧客流程

史帝芬 · 布蘭克（Steve Blank）是創業家，連續新創事業，又成為作家與教育者，他提出開發顧客的四個階段流程。基本前提是，坐在辦公室無法知道實際情況，構想必須經過顧客與利益相關人（例如通路夥伴或關鍵夥伴）測試，然後才能執行。本書用開發顧客流程來測試支撐價值主張圖和商業模式圖的假設。

轉向

發掘顧客（Customer Discovery）

走出辦公室，去了解顧客的任務、痛點和獲益，研究你能夠提供什麼服務，解決顧客的痛點、創造顧客的獲益。

確認顧客（Customer Validation）

實驗測試你設計要解決顧客的痛點和創造獲益的產品或服務，是否受到顧客重視。

搜尋

搜尋 vs. 執行

搜尋階段的目標是進行實驗與學習，找出哪個價值主張顧客會買單，哪個商業模式可行。在這個階段，你測試每一個關鍵假設，你的價值主張圖或商業模式圖將大幅改變、不斷演進，直到構想獲得驗證確認，才會進入啟動執行、進入規模。在探索初期，價值主張圖或商業模式圖變動得很快，隨著實驗累積了解、認識，圖就會慢慢定形。

提示

記錄每個假設、測試的每一件事和學到的每一件事。用價值主張圖與商業模式圖做追蹤，從起點的原始構想，一路追蹤到設計出可行的價值主張與商業模式，記錄推進的過程、一路上的證據，必要時可以回頭參考。

STRATEGYZER.COM / VPD / TEST / 3.0

創造顧客（Customer Creation）

開始培養、壯大顧客。把顧客吸引、拉到零售通路，開始擴大業務。

建立公司（Company Building）

從負責尋找和實驗的臨時性團隊，轉型成一個正式組織，專注執行確認可行的模式。

執行

Blank & Dorf, The Startup Owner's Manual, 2012.

融入精實創業原則

艾瑞克‧萊斯（Eric Ries）根據布萊克的開發顧客流程，推出精實創業。精實創業的概念是透過不斷反覆建構、測試與學習，消除產品設計過程中的不嚴謹與不確定。下面三個步驟，我們結合精實創業的概念，用商業模式圖、價值主張圖和開發顧客流程，用來測試構想、假設，以及最簡可行品（Minimum Viable Product，MVP）。

拉近聚焦

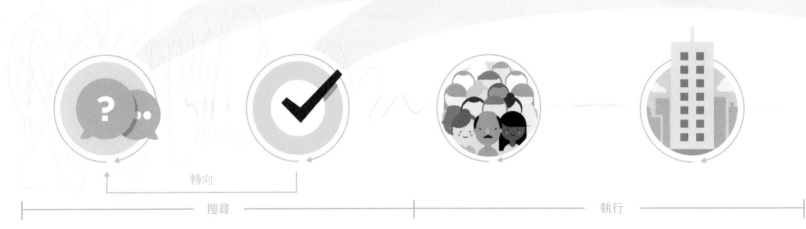

搜尋		執行
發掘顧客	確認顧客	創造顧客	建立公司

轉向

1. 設計／建構

設計或打造一個專門用來測試假設、增進理解和學習的具體東西，可能是一個概念性的原型、一項實驗，或你想提供的產品或服務的最簡可行品。

0. 形成假設

用價值主張圖和商業模式圖，設定你的構想隱含的重要假設，以便設計正確的實驗。

3. 學習

將這專門設計來測試的東西與你最初的假設相比較，分析表現、獲得洞見，先描述你原本的想法，再說明實際的狀況，然後列出下一步你會做什麼改變，以及如何修改。

2. 評量

評量你設計或建立的成品表現如何。

建構、評量和學習的循環機制

擴大應用精實創業的概念，不只在產品與服務上。用這三個步驟，設計／建構、測試／評量、學習，處理你在《價值主張年代》創造的所有東西。甚至將設計／建構、測試／評量、學習應用到你自己身上。

概念性原型

設計快速製作的概念性原型，將構想具體化，弄清楚要成功，哪些構想可能可行，以及哪些假設必須成立。用這些原型作為清楚明確畫出地圖、追蹤、反覆修改、分享說明你的構想與假設的具體工具。

假設

設計和安排實驗，測試哪些假設必須成立、你的構想才會成功。先處理會終結構想的最關鍵假設。

產品與服務

建立最簡可行品，來測試你的價值主張。這些原型僅有最低階的功能，設計專門來學習，而非銷售。

設計／建構	評量	學習
利用商業模式圖或價值主張圖，將構想具體化。	概念性原型的表現：顧客素描和價值地圖的適配程度、整體數據，以商業模式的 7 個問題來設計評估方法。	· 是否必須修改你的概念性原型，為什麼？ · 假定你的商業模式會達到的財務成果？ · 假定達到價值適配必須測試哪些假設？
訪談、觀察和實驗，測試概念性原型的原始價值主張和商業模式假設。	比較實驗當中的真實發展，和你的想像（也就是你的假設）。	你是否必須改變商業模式圖和價值主張圖的基本要素，為什麼？
最簡可行品，放入你想要測試的獲益與特色。	你的產品與服務是否真的替顧客減少痛點、創造獲益？	· 你是否必須改變價值主張裡的產品與服務，為什麼？ · 哪些痛點解方與獲益引擎的方法可行，哪些不可行？

請容我介紹史瑞克模式，用意第緒語來說，意思是要讓大家侷促不安。
建築師 法蘭克・蓋瑞（Frank Gehry）

在辦公室並無法知道真實情況……所以，出去找顧客談。
創業家和教育家 史帝芬・布蘭克
（Steve Blank）

愈快失敗，愈靠近成功。
設計師 大衛・凱利（David Kelley）

What to Test
測試項目

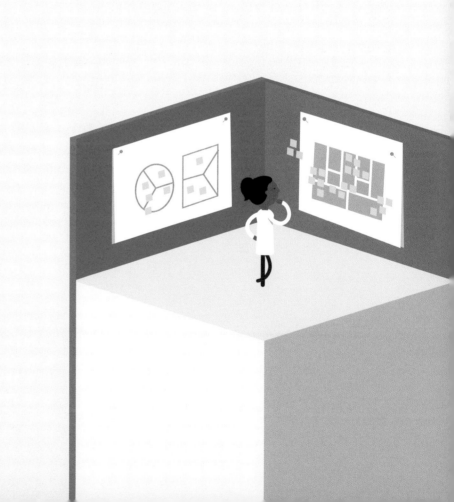

顧客素描圖測試

190

進行實驗，得到比最初顧客研究更進一步的證據，證明什麼是顧客最重視的任務、痛點與獲益。必須先完成這個測試階段，才能進入價值主張，以免浪費時間在顧客不在乎的產品和服務上。

找出證據顯示顧客到底想要什麼（圓形的顧客素描），
然後聚焦如何幫助顧客（方形的價值地圖）。

從任務、痛點和獲益著手

在設計部份，我們看的是了解顧客的一系列技巧。這一章將更進一步，「圓形的顧客素描測試」目標是用證據證實，我們的顧客素描、最初的研究和觀察，以及訪談得到的洞見是正確的。我們的目標是更確定顧客真正重視什麼任務、痛點與獲益。

在聚焦價值主張前，先取得與顧客任務、痛點和獲益相關的證據很重要。如果你直接測試價值主張，永遠也不會知道顧客拒絕的是你的價值主張，還是你解決的都是不相關的任務、痛點、獲益。如果你先證明顧客重視哪些任務、痛點、獲益，就比較不可能發生這種事。

當然，這表示你必須找到有創意的方法測試顧客偏好，還沒有用到最簡可行品（MVPs）。我們會告訴你如何利用測試資料室裡的工具，完成工作，可以見 ⊕ p.214 提出的方法。

· 哪些獲益對顧客很重要？
· 哪些獲益最不可或缺？

是否
有證據顯示……

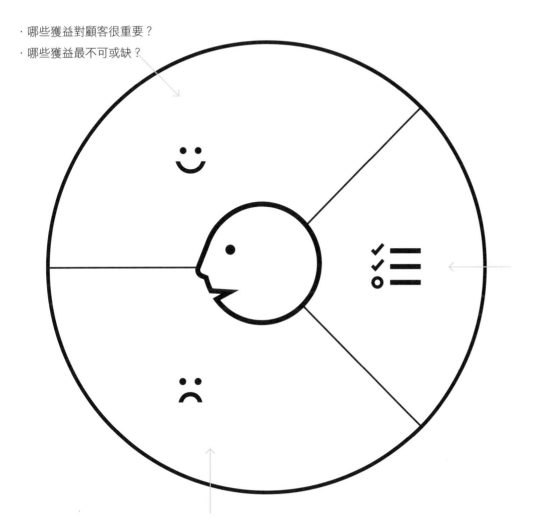

· 顧客在乎哪些任務？
· 最重視哪些任務？

· 顧客在乎哪些痛點？
· 哪些痛點最不能忍受？

價值地圖測試

測試顧客有多想要你的產品或服務。設計的實驗必須要能夠產生證據,顯示你的產品與服務能解決他們的痛點,創造他們覺得重要的獲益。

192

是否有
證據顯示……

· 顧客真心想要哪個產品與服務?
· 他們最想要的是哪個產品?

· 顧客真的想要或期待哪個獲益引擎?
· 他們最渴望哪個獲益引擎?

· 哪個痛點解方能解決顧客的頭疼問題?
· 他們最渴望哪個痛點解方?

證據顯示，
顧客在乎你的產品與服務，
幫助他們解除痛點、創造獲益。

測試價值主張的藝術

測試顧客有多在乎你的價值主張是一門藝術，因為目標是儘可能便宜快速的完成測試，而不用完全落實價值主張。

你必須測試顧客對你的產品與服務有沒有興趣，設計可量化的實驗，一次測試一個痛點解方與獲益引擎，提供洞見，讓你學習、改進。 ⊛

p.214

實驗要能夠幫助你了解顧客喜歡產品與服務的哪個面向，你才能避免提供不必要的部份。換句話說，無助於學習了解的功能、服務，全都刪除。

在開始做產品或服務的原型前，務必確認，你要找到的是最簡單、最快速、最便宜的方法，去測試痛點解方或獲益引擎。

商業模式圖測試

194

測試支撐商業模式最關鍵的假設，價值主張是嵌在商業模式中的一部分。請牢記，沒有健全的商業模式，卓越的價值主張也會失敗。證據證明你的商業模式可能可行，創造的營收超過成本，不僅為顧客、也為你的事業創造價值。

證據顯示，你想要創造、提供和獲取價值的方法可能可行。

不要忽略商業模式測試

如果商業模式產生的營收低於成本，就算價值主張很出色，還是會失敗。許多創業人士全神貫注在設計和測試他們的產品與服務，有時候忽略這再清楚不過的算式：獲利＝營收－成本，這是商業模式各部分組成的最後結果。

如果你沒有接觸顧客的通路，即使是顧客想要的價值主張，真正的價值也不高。如果一個商業模式花在爭取顧客的費用比從顧客身上賺到的還要多，那也維持不了多久。同樣地，如果一家公司用來創造價值的資源和活動的成本比獲取的價值還高，顯然也會經營不下去。有時候你少了關鍵夥伴就做不下去，但是關鍵夥伴可能沒興趣合作。

設計實驗測試商業模式的關鍵，只有這些關鍵成立，商業模式才能運作。先驗證這些關鍵假設，以免即使你有了顧客真正想要的卓越價值主張，卻還是失敗。

是否有
證據顯示……

· 你能執行可以創造價值
的必要活動？

· 你會如何有效爭取顧
客，並留住顧客？

· 你會找到必要的合作
夥伴，讓商業模式順
利運作？

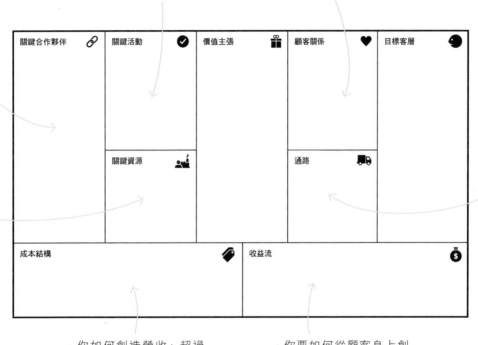

關鍵合作夥伴

關鍵活動

價值主張

顧客關係

目標客層

關鍵資源

通路

成本結構

收益流

· 你能透過哪些管道接觸
到顧客？

· 你會取得必要的資源
來創造價值？

· 你如何創造營收、超過
成本？

· 你要如何從顧客身上創
造營收？

Testing Step-by-Step
逐項測試

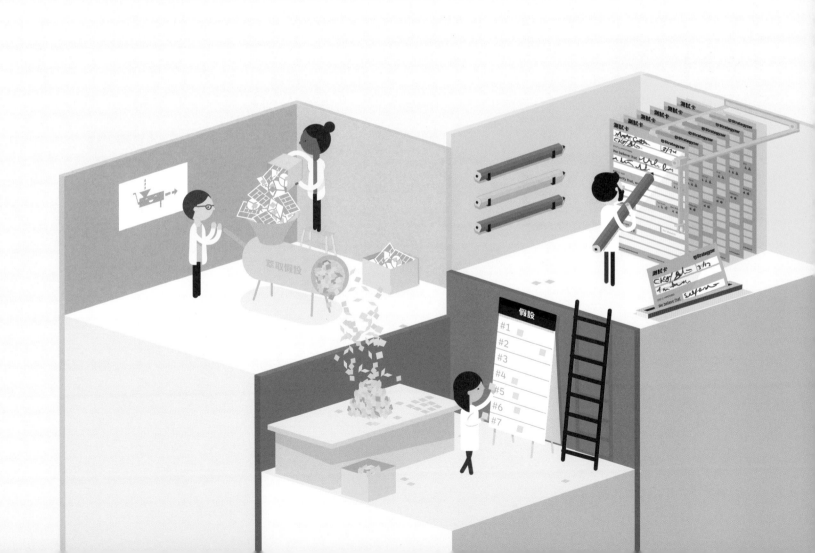

測試流程總覽

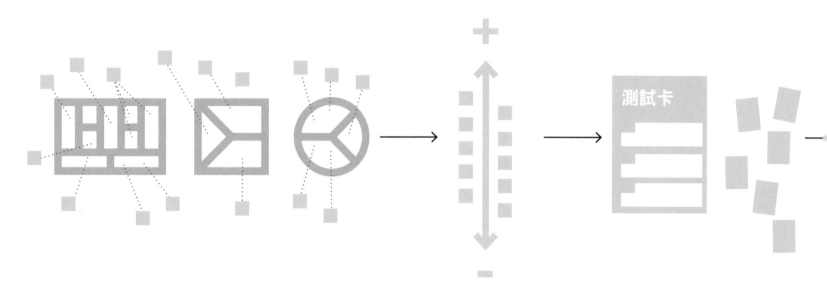

萃取假設

➔ p.200

排出假設的優先順序

➔ p.202

設計測試

➔ p.204

■ 設計　　■ 測試

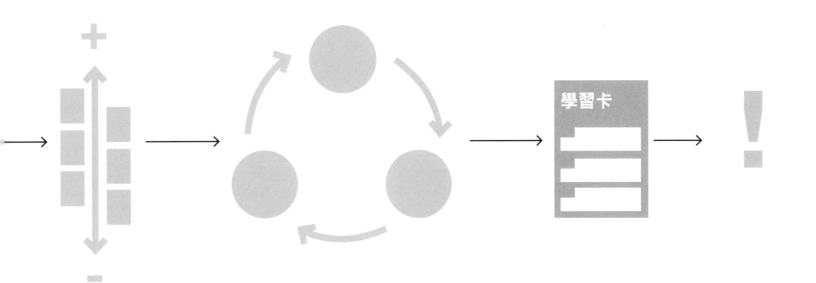

排出測試的優先順序

⊕ p.205

進行測試

⊕ p.205

記錄學習

⊕ p.206

取得進展

⊕ p.242-245

取得「測試流程」海報

萃取假設：
哪些條件成立，
你的構想才可行？

在「走出辦公室」前，先用價值主張圖和商業模式圖找出測試項目，找出讓構想成功的最關鍵事項。

這個練習請上網進行

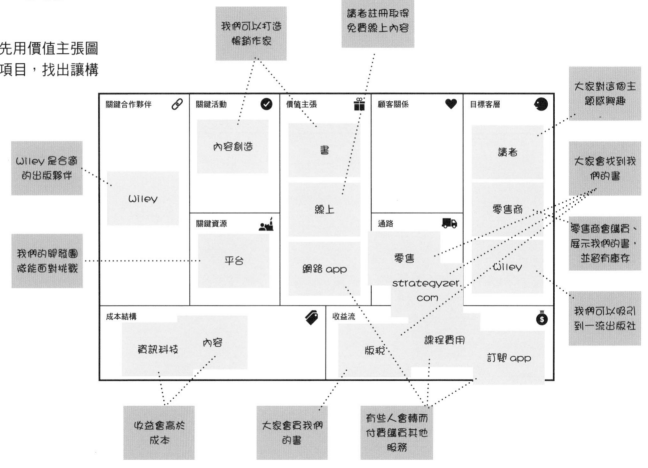

我們可以打造暢銷作家

讀者註冊取得免費線上內容

大家對這個主題感興趣

關鍵合作夥伴 🔗	關鍵活動 ✔	價值主張 🎁	顧客關係 ❤	目標客層 👁
Wiley	內容創造	書		讀者
	關鍵資源 🏭	線上	通路 🚚	零售商
	平台	網路 app	零售 strategyzer.com	Wiley

成本結構 🏷
資訊科技　內容

收益流 💰
版稅　課程費用　訂閱 app

Wiley 是合適的出版夥伴

我們的開發團隊能面對挑戰

大家會找到我們的書

零售商會購買、展示我們的書，並留有庫存

我們可以吸引到一流出版社

收益會高於成本

大家會買我們的書

有些人會轉而付費購買其他服務

問問自己，
哪些條件必須成立……　　➡　　……你的商業模式才會成功？

商業假設

構想要部分可行或完全可行必須成立的事，
但是這些事尚未被驗證。

▓ 假設

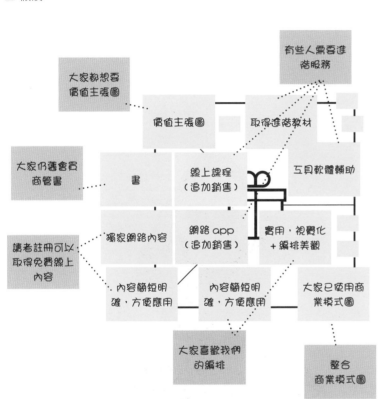

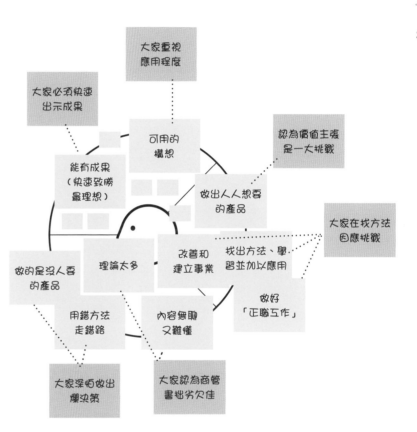

 ……你的價值主張才會成功？ **……你的顧客才會買單？**

排出假設的優先順序：
哪些假設是事業終結者

202

並非所有假設都一樣重要。有些可能毀了你的事業，其他的
假設可能只在你處理好最關鍵假設之後才重要。從攸關事
業生存的假設開始排列優先順序。

 **找出事業的終結者。這些假設攸關你的構想能否
存活，優先測試！**

如果大家不用做決定，或不怕做出（與產品與服務相關）的差勁選擇，或他們並不覺得這是需要解決的問題，我們的構想就不會成立。

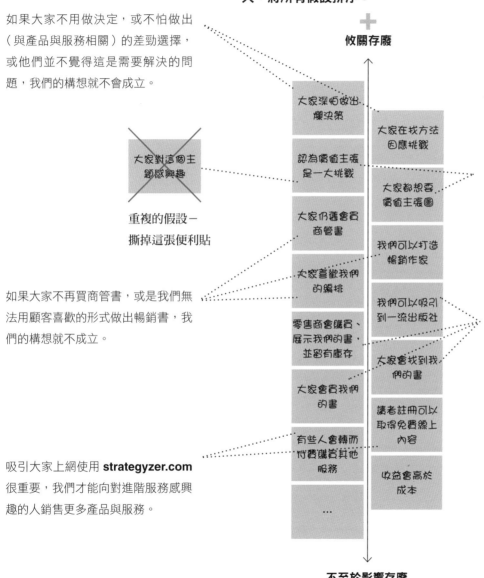

收關存廢

大家深怕做出爛決策

認為價值主張是一大挑戰

大家仍舊會買商管書

大家喜歡我們的編排

零售商會購買、展示我們的書，並留有庫存

大家會買我們的書

有些人會轉而付費購買其他服務

...

大家在找方法因應挑戰

大家都想要價值主張圖

我們可以打造暢銷作家

我們可以吸引到一流出版社

大家會找到我們的書

讀者註冊可以取得免費線上內容

收益會高於成本

~~大家對這個主題感興趣~~

重複的假設－
撕掉這張便利貼

如果大家不再買商管書，或是我們無法用顧客喜歡的形式做出暢銷書，我們的構想就不成立。

吸引大家上網使用 **strategyzer.com** 很重要，我們才能向對進階服務感興趣的人銷售更多產品與服務。

如果用價值主張，不認為價值主張圖是有用的工具，那我們的構想就毫無成功機會。

大家喜歡或鍾愛我們的書非常重要，但這只是開始。如果他們找不到或不知道有這本書，就算原本可能喜歡這本書，也不會去買。

不至於影響存廢

哪些優先事項最重要？

用測試卡
設計實驗

用這張簡易測試卡規劃你所有的實驗。
從最關鍵的假設開始測試。

1

設計實驗

描述你要測試的假設。

簡述實驗目的，驗證假
設是否正確、需要修
改、或應該放棄。

設定你要評量的數據。

設定目標門檻，判斷假
設是否通過驗證。
注意：考慮追加實驗，
提高確定性。

我要怎麼學習？

⊙ 上網下載測試卡並做練習

測試卡 ⊙ Strategyzer

| AdWords 行銷活動 | 2014 年 5 月 1 日 |
| 韓娜莎 | 為期兩週 |

步驟 1：假設
我們相信　商務人士在找辦法，協助他們設計更出色的價值
主張。

重要性：
⚠ ⚠ ⚠

步驟 2：測試
要證明，我們將　推出一個與搜尋關鍵字「價值主張」有
關的 Google Adwords 宣傳活動。

測試成本： 　　數據可信度：
👍 👍 👍

步驟 3：評量項目
並且評量　點擊率的廣告效果。

花費時間：
🕐 🕐 🕐

步驟 4：評量標準
我們是對的，如果　我們可以達到至少 2% 的點擊率（點
擊次數除以收到廣告資訊的比例）

Copyright Business　Model Foundry AG　　The makers of Business Model Generation and Strategyzer

---

命名、設定截止日，
列上負責人姓名。

標示重要性，顯示假
設對於整體構想是否
可行的重要程度。

標示成本，執行測驗
成本多高。

標示可信度，被評量
的數據資料有多可靠。

標示時間，測驗要得
到結果需要多長的時
間。

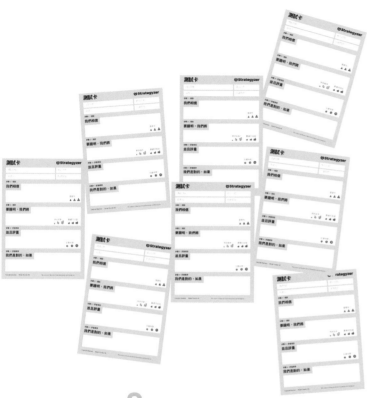

4

進行實驗

從排序最優先的開始實驗。

注意：如果一開始的實驗就推翻你的原始假設，你可能必須回到商業模式圖與價值主張圖，重新提構想。這樣一來，剩下的測試卡可能無關緊要。

+

攸關存廢

不致影響存廢

－

2

為最關鍵的假設設計一系列的實驗

注意：

考慮用幾個實驗來測試最關鍵的假設，從快又便宜的實驗開始，如果需要，再進行比較詳細可靠的實驗。因此，同一個假設就有好幾張測試卡可比對。

3

為測試卡評分

將測試卡排序。最關鍵的假設排最優先；在初期極度不確定的情況，優先進行便宜快速的測試；到情況逐漸確定，增加經費做能產生可靠證據與洞見的實驗。

反覆

哪裡可以最快學習到最多？

用學習卡
記錄洞見

用這張簡單的學習卡組織、整理洞見。

下載學習卡

學習卡　　　　　　　　⦿ Strategyzer

對價值主張方法的需求　　　　　　　2014 年 5 月 1 日

韓娜莎

步驟 1：假設

我們相信　商務人士在找方法，協助他們設計價值主張。

描述你測試的假設

步驟 2：觀察

我們觀察到　互作坊出現強烈需求，以及我們的 Google AdWords 宣傳活動有 2.5% 的點擊率。

簡述實驗得到的數字資料與結果。一張學習卡可能彙整好幾張不同測試卡上的觀察資料。

數據可信度：

標示被評量的資料數據的可信度有多高。

步驟 3：學習和洞見

我們因此得知　市場對這個主題有夠強烈的興趣。

說明由測試結果得到的結論和洞見。

應採取的行動：

步驟 4：決策和行動

所以，我們會　推出 LinkedIn 活動探究每個客層的興趣

（例如產品經理）

描述行動，根據洞見你會有什麼行動。

命名洞見、學習日期和負責人

特別說明根據你的所知所得，必須進行多大的改變。

Copyright Business Model Foundry AG　　　　The makers of Business Model Generation and Strategyzer

假設確認無效

回到初始圖：轉向
如果構想沒有通過測試，就要找新的客層、價值主張或商業模式，讓你的構想可行。

例如，當你確認顧客對新科技的價值主張沒有興趣，那就另尋新的潛在顧客、價值主張和商業模式。

從測驗中學到更多

確認
用有限的資料數據進行便宜快速的早期實驗，如果結果顯示需要採取大動作，就應該設計、進行更進一步的實驗、測試。

例如，訪談潛在顧客發現他們非常感興趣的服務，但是要推出那項服務需要大手筆投資。這就需要做後續研究與實驗，取得更可信的資料數據，證明顧客的興趣。

進一步了解
看到趨勢，就設計實驗、進行實驗，了解為什麼會出現這樣的趨勢。

例如，如果實驗的量化數據顯示潛在顧客並不感興趣，接著要做質化訪談，了解顧客為何興趣缺缺。

確認假設成立

繼續驗證下一個假設
對洞見和資料的可信度都滿意後，接著繼續測試下一個重要假設。

例如，你已經確認顧客對一項產品的興趣，那就繼續進行其他實驗，證實經銷商夥伴有意願向你進貨促銷。

執行
對洞見的品質與數據的可靠性都滿意後，就可以根據實驗發現，直接開始執行。

了解、確認如何讓通路夥伴有興趣銷售你的價值主張，就開始擴大銷售，聘雇更多業務員，或是設計專屬行銷資料。

**測驗結束，獲益良多。
接下來呢？**

你學得多快？

208

你要找到顧客與夥伴到底要什麼，關鍵是你與團隊能夠鞭策自己設計／製造、評量、學習的速度與一致性。這稱之為週期時間（cycle time）。

你的學習速度十分關鍵，特別是在價值主張設計的早期階段。一開始的不確定性最高。你不知道顧客是否在乎你設計的任務、痛點和獲益，更遑論他們是否對你的價值主張感興趣。

所以，重要的是你能極快速完成早期實驗，盡力將學習效果極大化，迅速調整。這也是為什麼不應該一開始就寫商業企劃書，或進行第三方市場研究，這些稍晚進行比較合理。

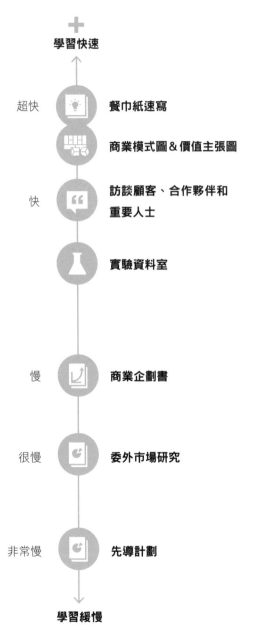

學習快速

超快　餐巾紙速寫

　　　商業模式圖＆價值主張圖

快　　訪談顧客、合作夥伴和
　　　重要人士

　　　實驗資料室

慢　　商業企劃書

很慢　委外市場研究

非常慢　先導計劃

學習緩慢

學習工具

快速讓構想具體化，分享、挑戰、反覆調整，產生假設，進行測試。

快速取得初步市場洞見，在公司內部做，學習才會及時、切身相關，你才能快速反應，針對洞見採取行動。

用實驗資料室⊕ p214 的各種實驗。不確定性高時，從快速實驗開始。證明方向正確後，再接著進行可信度較高、時間較長的實驗。

商業企劃書是更精細的文件，通常較靜態，等有明確證據且接近執行階段時再寫。

市場研究通常成本高昂且費時很久，無法隨著環境而迅速調整，並非最理想的搜尋工具。最適合是用於價值主張要逐步調整的時候。

先導計劃（pilot study）是企業內部測試構想常見的方法。應該以更快、更便宜的學習工具進行先導計劃，因為多數先導計劃是建構在較完整的價值主張上，需要相當時間、成本較高。

調整愈快，
學習愈多，
成功愈早。

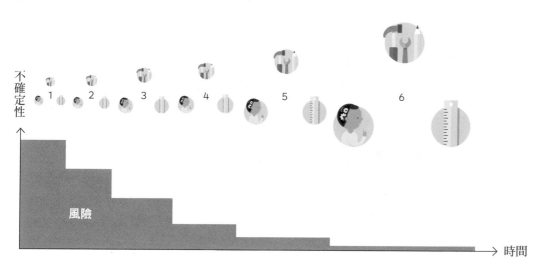

六次快速實驗、反覆調整的周期所得到的學習，比三次慢周期更多。慢周期的實驗時間較長。加快周期的方式能更快累積知識，比慢周期更能大幅降低風險和不確定性，比緩慢實驗更好。

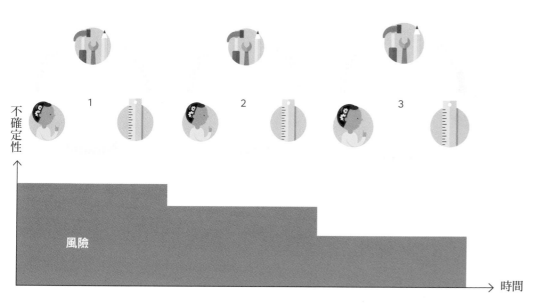

別浪費時間！

想像花一週、一個月或更長的時間琢磨構想，力求完美。再想像一下，為了繳出亮麗的成長數據，你花所有的時間想該做什麼，結果發現你的顧客和合作夥伴根本不在乎。這完全是浪費時間！

210

避開五種
數據陷阱

要避免失敗，要更具批判力的思考你的
資料數據。實驗能提供珍貴證據，降低
風險和不確定性，但無法 100% 正確預
測未來能否成功。而且你可能從數據裡
汲取錯誤的結論。請避免下面五個解讀
數據的陷阱，確保有效測試構想。

錯誤的
正向解讀

風險： 看見不存在的事

狀況： 測試的數據誤導你錯下結論，
例如，你認為顧客會感覺到痛點，事
實上沒有。

提示

· 先測試圓形的顧客素描圖，再測試
  方形的價值地圖。先了解顧客關心
  什麼，避免被無關價值主張的正面
  訊號所誤導。

· 下重要決策前，設計不同實驗去測
  試同一個假設。

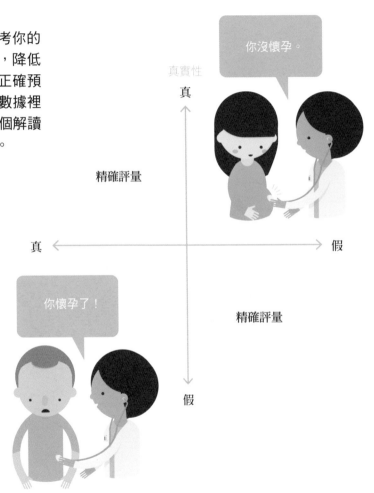

真實性

真

精確評量

真　←　　　　　　　　　　　→　假

精確評量

假

錯誤的
負向解讀

風險： 沒看見存在的事。

狀況： 實驗未能發掘，例如設計要發
掘顧客任務，卻沒有發掘到。

提示

確認你做了足夠的測試。雲端檔案儲
存 業 者 Dropbox 最 早 用 Google
AdWords 測試顧客興趣，因為廣告效
果欠佳，Dropbox 以為假設不正確。
但沒人搜尋的原因是因為這是新市
場，不是因為顧客沒興趣。

「局部極大值」
陷阱

風險：錯失真正的潛力。

狀況：實驗數據達到局部最大值，卻忽視更大的機會。例如，測試結果是正面，可能導致你死守獲利較差的模式，儘管有獲利更好的模式存在。

提示

專注在學習經驗而非改善。即使測試的數據資料是正面的，但覺得還可以更好（例如市場更大、營收更高、獲利更佳），別遲疑，趕快回頭設計更好的替代選項。

「極大值」
陷阱

風險：忽略限制條件（例如市場局限）

狀況：你以為機會大，其實超過實際狀況。例如，以為測試的僅是部分人口，結果樣本是全部人口。

提示

設計的測試能證明更大潛在機會，不限於受測的對象。

數據錯誤
陷阱

風險：在錯誤的地方搜尋

狀況：因為看到錯誤數據而放棄機會。例如，你可能因為受測顧客不感興趣而放棄構想，沒意識到有別人感興趣。

提示

放棄之前，光回頭設計其他測試方案。

測試卡

⊌Strategyzer

測試名稱	截止日期
負責人	持續期間

步驟 1：假設

我們相信

重要性：

⚠ ⚠ ⚠

步驟 2：測試

要證明，我們將

測試成本： 數據可信度：

步驟 3：評量項目

並且評量

花費時間：

步驟 4：評量標準

我們是對的，如果

Copyright Business　　Model Foundry AG　　The makers of Business Model Generation and Strategyzer

⊌ 下載測試卡

學習卡

⊙ Strategyzer

洞察名稱

學習日期

負責人

步驟 1：假設

我們相信

步驟 2：觀察

我們觀察到

數據可信度：

👍 👍 👍

步驟 3：學習和洞見

我們因此得知

應採取的行動：

☑ ☑ ☑

步驟 4：決策和行動

所以，我們會

⊙ 下載學習卡

Experiment
Library
實驗資料室

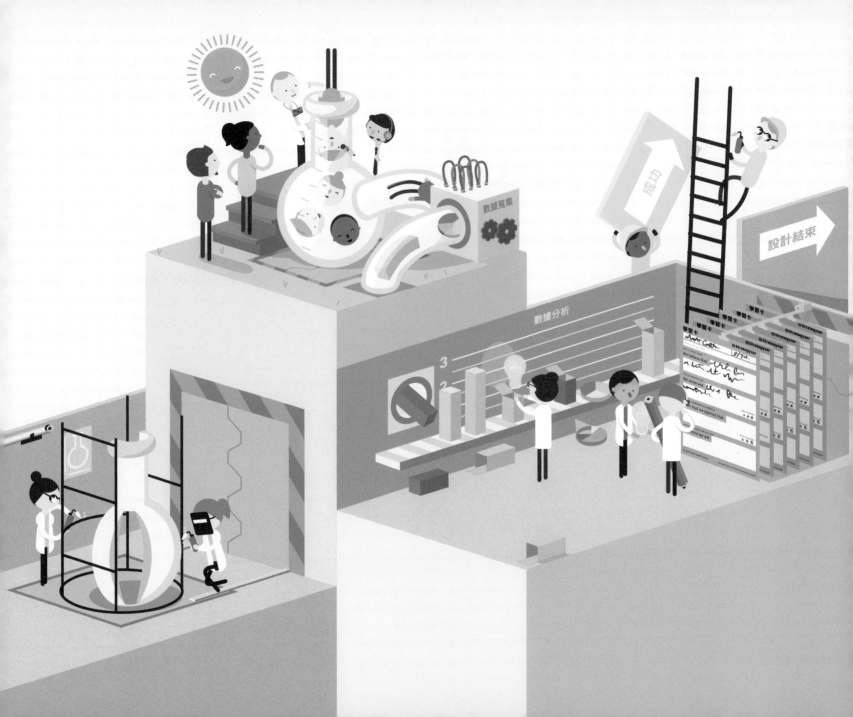

選擇
實驗組合

216

每個實驗都有優點、有缺點，有的快又便宜，但產出的證據可信度稍差；有的產出較可靠的證據，但進行起來較費時、較花錢。

設計實驗組合時，考慮成本、數據可信度，以及所需時間。經驗顯示，不確定性高時要選擇便宜的實驗；確定性提高後，再增加實驗花費。

定義
實驗
產出證據的過程，確認價值主張
或商業模式的假設是否有效。

從我們提供的實驗資料室選擇一系列的測試，或用你的想像力設計新實驗。設計實驗組合時，牢記兩件事：

顧客言行不見得一致。

用蒐集顧客口頭證據的實驗做開始，然後讓顧客參與、實做（例如與原型互動），看顧客做什麼，而不是只聽他們說什麼，獲得更強而有力的證據。

顧客在你的面前和背後不一樣。

直接與顧客接觸，可以得知他們為什麼這樣說、為什麼那樣做，獲得他們的意見，改善價值主張。不過，你的出現可能使得顧客的言行舉止與你不在的時候不一樣。

間接觀察顧客（例如透過網路視訊）更能接近實際狀況，不會受到你和顧客互動的影響。你可以蒐集數據資料，追蹤有多少顧客出現你設計誘發的行為。

提示

使用這些技巧確認顧客心裡的想法是否真的像他們說的一樣。要有證據證明他們提到的任務、痛點和獲益都是真的，而且他們真的對你的產品與服務感興趣。

直接接觸顧客

了解為何與如何改善

實驗室研究

· 從原型／最簡可行品學習 ⊕ p.222
· 實際大小的原型 ⊕ p.226
· 奧茲國的魔法師 ⊕ p.223

人類學家 ⊕ p.114

實地調查

間接觀察顧客

了解產品的次數和程度

銷售

· 模擬銷售 ⊕ p.236
· 預購 ⊕ p.237
· 群眾集資 ⊕ p.237

追蹤

· 廣告和網站連結追蹤 ⊕ p.220
· 到達頁面 ⊕ p.228
· 分組測試 ⊕ p.230

提示

用這些技巧了解顧客如何和原型互動，雖然投資通常較大，但能產出具體、可採取行動的回饋。

顧客做什麼

觀察他們的行為

參與設計和評量

· 圖示、故事板和故事情景 ⊕ p.224
· 快艇 ⊕ p.233
· 產品包裝盒 ⊕ p.234
· 購買一項功能 ⊕ p.235

顧客說什麼

觀察他們的態度

偵探 ⊕ p.108

分析資料

提示

在設計的早期階段使用這些技巧，因為投資較小，而且很快可以獲得洞見。

新聞記者 ⊕ p.110

訪談顧客

Inspired by the work in user experience by Christian Rohner (NN).

找出
要求行動
的證據

做實驗來測試顧客感不感興趣、喜不喜歡、是否願意付費購買你的產品或服務。盡可能讓受測顧客執行你設計的要求行動（Call To Action，CTA），讓顧客參與、搜集證據，顯示哪些事可行、哪些不可行。

顧客（受測對象）執行要求行動的次數愈多，愈證明他們深感興趣。點擊一個按鈕、回答問卷調查、提供個人電子郵件地址或是預購，每個動作的投入程度各不相同，選擇適合你的去實驗。

　在設計價值主張初期，比較適合投資金額少的要求行動；在設計後期，用需要較多投資的要求行動，比較合理。

定義
要求行動（CTA）
提示目標對象行動；用在實驗中，測試一個或更多的假設。

興趣和相關性

證明潛在顧客和合作夥伴確實有興趣,並非隨口說說而已。展現出你的構想與顧客相關聯,足以讓顧客執行要求行動,不只是動動口而已(例如,利用電子郵件註冊帳號、與決策者和預算執行者會面、出具意向書等等)。

順序和偏好

顯示你的潛在顧客和合作夥伴最重視哪些任務、痛點和獲益,最不在意哪些。要提出證據説明在你的價值主張裡,他們偏好哪些功能。證明哪些對顧客真的很重要、哪些不重要。

付費意願

提供證據證明,潛在顧客對你的價值主張興趣濃厚到願意付費。要有事實顯示,他們不只口頭説讚,也願意掏錢。

廣告追蹤 Ad Tracking

用廣告追蹤來探究潛在顧客的任務、痛點、獲益,以及對新的價值主張是否有興趣。廣告追蹤是廣告商用來評量廣告投放效益的技術,已經相當成熟。你可以用同樣的技術探知顧客興趣,甚至在還沒有價值主張時也可以用。

用 Google AdWords
測試顧客的興趣

我們使用 Google AdWords 說明技術,因為 Google AdWords 用關鍵字搜尋廣告,特別適合測試(其他搜尋服務,如 LinkedIn 與 Facebook 也很適合)。

1. 選擇搜索關鍵字

選擇搜索關鍵字是最能代表你想要測試的事(例如,一項顧客的任務、痛點、獲益是否存在,或對一個價值主張的興趣)。

2. 設計廣告/測試。

設計你的測試廣告,要有標題、到達頁面的連結,以及宣傳文字,確認這些代表你想測試的事。

3. 推出宣傳活動。

設定你的廣告/測試活動的預算,推出宣傳活動。只在廣告被點擊後才付費,那代表有人感興趣。

4. 計算點擊數。

知道有多少人點擊你的廣告。沒有人點擊可能代表大家興趣缺缺。

應用範圍?

及早測試顧客興趣,了解顧客有的任務、痛點、獲益,以及了解顧客對特定價值主張的興趣。

特殊連結追蹤
Unique Link
Tracking

設定特殊連結追蹤來確認潛在顧客或夥
伴的興趣，這可能是他們在會議、訪談
或電話上沒有告訴你的。這個方法極度
簡單就可以評量真正的興趣。

適用範圍？

這招到處可用，尤其適合很
難建立最簡可行品的產業，
如工業產品和醫療器材。

1

「製作」特殊連結追蹤。

用 goo.gl 之類的服務，為構想的詳細資訊（例
如下載、到達頁面）建立特殊可追蹤連結。

2

簡報和追蹤

向潛在顧客或合作夥伴解釋你的構想，在會談中
或結束後（透過電子郵件），告訴對方特殊連
結，並告訴他們可以連結到更詳細資訊。

3

了解顧客真正的興趣。

追蹤顧客是否有開啟連結，如果沒有開啟連結，
可能代表顧客興趣缺缺，或他們有更重要的任
務、痛點和獲益，比你構想中的更重要。

最簡可行品目錄
MVP Catalog

MVP（Minimum Viable Product）是最簡可行品，是精實創業風潮帶動的流行觀念，在完成產品前，先測試顧客對產品的興趣，與其自創新詞，我們不如就用這個既有的概念來測試價值主張。

在簡報價值主張時「真實」呈現

在執行任何構想之前，先向潛在顧客和夥伴測試價值主張。用下列技巧，讓你的價值主張感覺更真實具體。

本書的「最簡可行品」是什麼意思？

呈現價值主張的方法或原型，專門設計來測試前提／假設的有效性。

目標是盡可能快速、便宜又有效率的完成任務。最簡可行品主要用來探索潛在顧客和合作夥伴的興趣。

提示

要便宜，就算是擁有高額預算的大公司也一樣。例如，在聘請攝影團隊製作「專業」影片、擴大測試之前，先用智慧型手機拍一段影片，測試反應。

資料表

你想像的價值主張的規格說明

要件：

文書處理軟體

小冊子

宣傳小冊的假本，展示你想像的價值主張

要件：

文書處理軟體和設計能力

故事板

畫出顧客的情節，展示你想像的價值主張

要件：

繪圖藝術家

到達頁面

用網站描述你想像的價值主張（大多數有要求行動〔CTA〕）。

要件：

網站設計師

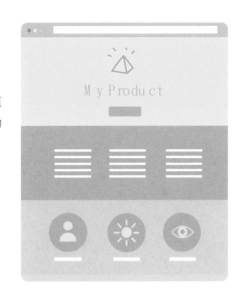

用最簡可行品幫助學習

用特別設計來對顧客與合作夥伴進行實驗的原型，來了解顧客與合作夥伴。

產品包裝盒

你想像的價值主張可能採用的包裝外盒

要件：

包裝設計師和原型製作

學習性原型

價值主張的功能性原型，具備最基本的特色，達到學習目的。

要件：

產品開發

影片

介紹你想像的價值主張或解釋運作原理的影片。

要件：

攝影團隊

奧茲國的魔法師

設計一個前台，就像價值主張真實的運作情況，用人工手動的方式，操作演示原本應是自動化運作的產品或服務。

要件：

捲起袖子動手做

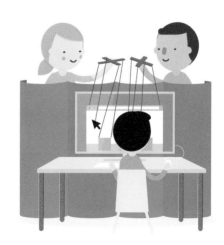

圖示、故事板、故事情景

用圖示、故事板與故事情景和潛在顧客分享價值主張，了解他們在乎什麼。製作這些圖解圖示又快又便宜，連最複雜的價值主張也會變得具體。

提示

· 在企業對企業（B2B）的商業環境，為每個重要客層設計專屬價值主張，包括用戶、預算執行人、決策者等等。

· 在既有組織，務必將會直接面對顧客的員工納入設計流程，尤其要說服他們，並設法接觸顧客，給他們看圖示資料。

· 圖示再搭配資料表假本、小冊子、影片，讓構想更具體。

· 進行 A/B 測試（A/B test），分兩組，兩組的測試情節有些微不同，以了解那種情節受歡迎。

· 與每個客層進行四、五次會議，通常就足夠獲得有意義的回饋。

· 善用顧客關係，過一段時間製作更精細的原型，重複測試。

1

製作多個可能的價值主張原型

為同一個客層提出好幾個原型。兼顧多元性（8-12 個截然不同的價值主張）和變異性（有些微差異不大的選擇方案）。

2

勾勒故事情景

描繪故事情景和製作故事板，解釋每個價值主張在真實世界中能為顧客帶來何種體驗。

3

創造吸引人的視覺輔助

找插畫家把你的描繪彙整成有吸引力的視覺輔助，讓顧客的體驗變得具體清晰。每個價值主張或全部故事板畫一張圖示。

Process adapted from Christian Doll, bicdo.de.

問問顧客：

哪個價值主張真的為你創造價值？

我們該保留哪些價值主張進一步發展，又該放棄哪些？

每個價值主張都再挖深一些；特別注意顧客的任務、痛點和獲益；問清楚：

· 少了什麼？

· 什麼該放到一邊？

· 該加點什麼？

· 該少點什麼？

· 一定要問為什麼，問出質性的回饋。

4

對顧客進行測試

面對顧客，展示不同的圖示、故事情景和故事板，開啟對話、引發顧客的回應，了解他們在乎什麼。讓顧客排出價值主張的優先順序，從最有價值的價值主張到最沒有幫助的價值主張。

5

整理報告並加以調整

用和顧客會面得到的洞見，決定你要持續探究哪些價值主張、放棄哪些，又要調整哪些。

擬真實驗
Life-Size Experiments

讓顧客與實際大小的原型互動,感受實景複製的服務體驗。儘管安排更為複雜,堅持迅速、快速和低成本的原則製作原型,蒐集顧客的想法,再加上用要求行動(CTA)來確認顧客的喜好。

概念車和擬真原型

這些車是為了展示新設計和新科技,目的是獲得顧客反應,而不是直接進入大量生產。

Lit Motors 公司以精實創業原則,製作採陀螺儀穩定技術的二輪全電動車原型,並對顧客進行測試。因為這種交通工具代表全新概念,Lit Motors 必須從一開始就了解顧客的想法和接受度。

此外,Lit Motors 加入要求行動(CTA)的設計,確認顧客的興趣不只看看初步原型車而已。顧客可先繳 250 美元至 1 萬美元的定金,預約一輛車。定金存入特別帳戶,直到車子準備上市。定金愈高,顧客在等候名單上的順序愈前面。

227

原型空間

這是用來和顧客共同創造產品和服務體驗,或者觀察他們的行為以獲得新洞見的空間。邀請潛在顧客前來創造他們的完美體驗。業界專家也是受邀對象,協助開發和測試新構想。

連鎖飯店萬豪國際集團(Marriott)在總部地下室打造一個原型空間,叫地下組織(Underground),邀請專家和貴賓一起規劃旅館房間和其他設施,創造未來的住宿體驗。受邀的顧客為複製的旅館房間添加傢俱、電器插頭、電子用品和其他設備,這些房間可以輕鬆拆解再組裝。

提示

· 一定要加入要求行動(CTA)的設計,以驗證擬真原型和服務體驗的價值。顧客會想在原型環境裡創造完美體驗,但在真實生活裡,很可能不樂意為此付費。
· 製作擬真原型和實景複製服務體驗前,用更快速便宜的方法驗證假設。
· 別讓原型製作的成本失控。在提供擬真體驗給受測對象的同時,堅持迅速、快速和低成本的原型製作原則。

到達頁面 Landing Page

作為最簡可行品的到達頁面是描述部份或全部價值主張的網頁或簡單網站。邀請網站訪客執行要求行動（CTA），驗證一個或更多的假設。到達頁面的主要學習工具，就是轉換率，造訪網站的人數中、去執行要求行動（例如電子郵件登入、模擬採購）的比例。

> 「最簡可行品到達頁面的目標，是驗證一個或更多的假設，不是蒐集電子郵件或銷售，儘管那是相當不錯的實驗副產品。」

時間？

及早測試以了解你想要鎖定的任務、痛點、獲益和價值主張，對顧客是否具重要性，足以促使他們執行特定行動。

差異

分組測試，找出其中效益較好的偏好或選項。用所謂的網站點擊熱區圖（heat map）分析顧客的點擊，了解訪客在網頁的什麼地方點擊。

使用你的價值地圖設計標題和內文，在到達頁面描述你的價值主張。

根據你的學習目標，設計到達頁面、流量產生器和要求行動。

流量

用廣告、社群媒體或既有管道引進流量至到達頁面。確你找的是你想了解的目標顧客，不是路人甲乙丙。

標題

設計標題吸引潛在顧客，並介紹價值主張

價值主張

用先前的描述技巧，讓潛在顧客覺得你的價值主張具體明確。

要求行動

讓網站訪客執行某個你可以從中學習的動作（例如，電子郵件註冊、調查、模擬購買、預購）。這些要求行動應該可以學到讓產品更好的經驗。

推廣

接觸執行要求行動的人，研究他們為什麼有強烈動機願意執行。了解他們的任務、痛點和獲益。當然，這需要在要求行動的過程中蒐集聯絡資訊。

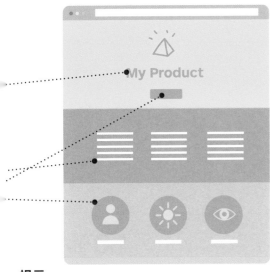

提示

· 建立到達頁面作為最簡可行品，會塑造已經有
價值主張的假象，即使價值主張尚未完成。要
求行動（CTA）愈接近真實（例如，模擬銷
售），你從其中獲得的洞見就會是更真確的證
據，遠比以電子郵件註冊作為價值主張或是預
購來得好。

· 實驗獲得結論後，要對受測對象透明公開，比
方說，如果你「虛構」價值主張，要告訴顧
客，考慮提供他們參與實驗的報酬。

· 到達頁面作為最簡可行品可以是獨立網頁，也
可以放在既有網站裡。

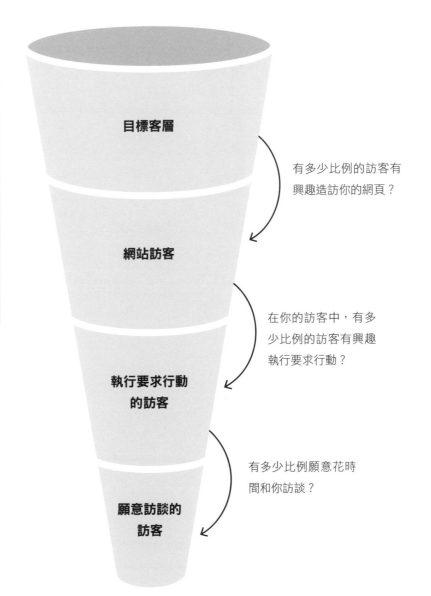

目標客層

網站訪客

執行要求行動
的訪客

願意訪談的
訪客

有多少比例的訪客有
興趣造訪你的網頁？

在你的訪客中，有多
少比例的訪客有興趣
執行要求行動？

有多少比例願意花時
間和你訪談？

分組測試

分組測試，也是所謂的 A/B 測試，是比較兩個或更多選項表現差異的技巧。在本書中，我們應用這個技巧來比較價值主張的表現，更了解顧客幾個不同的任務、痛點和獲益。

控制組

8%

給不同測試選項一樣多的人。

比較每一個選項在要求行動（CTA）上的表現。

挑戰組

20%

進行分組測試

最常見的分組測試是測試兩個或更多個不同網頁變項，或刻意設計不同的到達頁面（例如變項可能呈現些微差異，或是完全不同的價值主張）。Google 和 LinkedIn 等企業，以及歐巴馬 2008 年的選戰活動都利用這個技巧，為之風行。分組測試可以用在實體世界，分組測試的主要學習工具是轉換率，比較不同選項要求行動（CTA）的轉換率。

測試什麼？

以下是可用 A/B 測試探知的要素

· 功能
· 定價
· 折扣
· 文案
· 包裝
· 網頁
· ……

要求行動（CTA）

有多少受測對象執行要求行動？

· 購買
· 電子郵件註冊
· 點擊按鈕
· 調查
· 完成其他活動

對本書英文版書名進行分組測試

我們為本書英文版進行了好幾次分組測試。例如，我們由 businessmodelgeneration.com 網站導入流量，測試三個不同的書名，為期 5 週，超過 12 萬人參與。

我們設計幾個要求行動（CTA）。第一個只要求點擊「了解更多」的按鈕，然後用電子郵件註冊，等候本書問世。最後一個要求行動請大家填寫問卷，讓我們更了解他們的任務、痛點和獲益，而我們播放一段解釋價值主張圖的影片，做為小小回饋。

提示

· 如果你想要明確知道哪一個原型表現更好，那挑戰組只要放單一變項測試。

· 使用多變量測試可以測試多個會相互影響的因素，找出哪種組合效果最好。

· 使用 Google AdWords 或其他方式來吸引受測對象。

· 測試要達到統計上的顯著有效性，信賴區間大於 95%。

· 用 Google Website Optimizer、Optimizely 之類的工具，輕鬆進行分組測試。

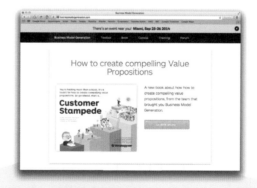

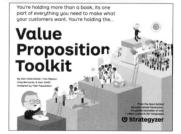

轉換率： 8.51%　　　6.62%　　　8.21%

232

創新遊戲（Innovation Games®）

路克‧霍曼（Luke Hohmann）帶動流行的創新遊戲，是用合作式
遊戲設計與你的（潛在）顧客一起設計出更好的價值主張。創新遊
戲可以在線上進行，也可以大家實際面對面進行。我們這裡介紹其
中三種。

這三種創新遊戲有不同的應用。我們在這裡列出
三項特定任務，幫助你設定價值主張圖和相關假
設。

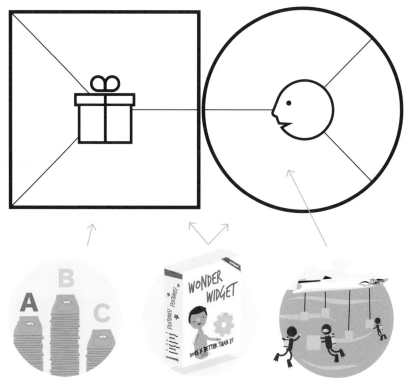

購買一項功能

任務：為顧客最想
要的功能排順序。

產品包裝盒

任務：了解顧客的
任務、痛點、獲
益，和他們喜歡的
價值主張。

快艇

任務：找出阻撓顧
客完成任務的最大
痛點。

快艇

這是個簡單但效果強大的遊戲，幫你驗證你有多了解顧客的痛點。用被船錨牽制的快艇作比喻，請顧客清楚說明是哪些問題、障礙和風險阻撓他們、無法順利完成任務。

1

布置。

準備一張畫有快艇漂浮在海面的大型海報。

2

確認痛點。

請顧客指出阻撓他們順利執行任務的問題、障礙和風險。每件事都寫在大型便利貼上，把便利貼當成快艇的船錨，一張張貼在海報上，船錨位置愈低，代表痛點愈大。

3

分析。

將結果與你之前的了解做比較，之前你認為阻礙顧客無法完成任務的原因是什麼。

提示。

· 在設計階段，這個遊戲可以用來找出顧客的痛點；在測試階段，這個練習可以驗證你已有的認知理解。

· 如果你想同時挖掘痛點和獲益，用有錨有帆的船，除了用錨象徵牽制顧客的力量，加了帆，你可以問：「什麼可以讓船開得更快？」

產品包裝盒

這個遊戲要求顧客設計一個產品外盒，代表他們會向你購買的價值主張。你會發現什麼價值主張對顧客最重要，什麼會讓他們興奮。

1

設計

邀請顧客至工作坊。給他們一個厚紙板紙盒，請他們動手設計自己會買的產品包裝。包裝盒上應顯示重要的行銷訊息、產品主要特色，以及他們期待你的價值主張應該包含的關鍵利益。

2

提案簡報

請顧客想像他們在商品展上銷售你的產品。假裝你是充滿懷疑的潛在買家，讓顧客用這個包裝盒向你提案推銷。

3

記錄

觀察和記錄顧客在產品外盒提到哪些訊息、功能和利益，以及顧客在提案簡報時特別強調哪些面向。找出他們的任務、痛點和獲益。

購買一項功能

這個遊戲比較複雜。請顧客就預設好（但尚未真正存在）的價值主張功能排出順序。顧客拿到限額玩具鈔，購買他們喜歡的功能。功能的價值依真實世界的因素訂定。

功能	價格	$35	$35	$35	不足金額	購買與否？
🏆	$35	20	0	10	-5	否
🏆	$50	5	0	0	-45	否
🏆	$70	10	35	25	0	是

1
選擇功能並定價。

選擇你要測試顧客偏好的功能。依照開發成本、市場價格或其他重要因素，為每項功能訂定價格。

2
決定預算。

參與者依團隊決議來購買功能，但每一位都擁有可自行分配的個人預算，個人預算有限制，會促使參與者必須匯集、共享資源，而整體預算會促使他們在想要的功能之間做出困難抉擇。

3
請參與者花錢購買。

請參與者在他們想要的功能之間配置預算，告訴他們可以跟別人合作，來獲得更多功能。

4
分析結果。

分析哪些功能的吸引力最大、被買走了，哪些沒有被買。

模擬銷售

測試顧客真實興趣的另一個方法，是在價值主張尚未完成前舉辦模擬銷售。目標是讓顧客以為他們真的購買。這可以輕而易舉地在網路上完成，但也可以在真實世界進行。

網路上

用下列三項實驗測試顧客的投入程度：

看有多少人點擊「馬上購買」的按鍵，就知道顧客的興趣。

馬上購買 »

了解價格如何影響顧客興趣。

結合 A/B 測試（請見 p.230），進一步了解需求彈性和理想價位。

馬上購買（$500 美元） »

模擬交易，請顧客填信用卡資訊，這可以得到更多資料，是證明顧客需求的最強力證據（請見p.237，管理顧客認知的提示）。

 輸入信用卡號

馬上購買（$500 美元） »

真實世界

模擬銷售不限於網路。以下是零售商在真實世界測試顧客興趣和商品定價的方法：

在限量的（郵購）目錄介紹尚未問世的產品。

僅在一個零售地點限時銷售商品（這與先導計劃不同，先導計劃一般會覆蓋整個市場）。

預購

這類預購的主要目標是發掘顧客的興趣；而不是銷售。顧客承諾購買，但知道你的價值主張尚未完全成形。如果興趣改變，交易就取消，顧客可以退款。

提示

別擔心模擬銷售會讓顧客不高興，對品牌產生負面影響。只要妥善管理顧客認知，模擬銷售就可以變成優勢。可用以下做法：

· 顧客完成模擬購買後，解釋你在進行市場測試。

· 說明你會保留或刪除哪些資訊，清楚透明。

· 永遠刪除模擬交易中的信用卡資訊。

· 給參與測試的人報酬（例如小禮物、折扣）

若能妥善管理顧客認知，受測對象也會變成品牌擁護者。

留意

切記預購熱烈只是一項指標。Android 系統的電玩遊戲主機 Ouya 在 Kickstarter 群眾募資網站籌到數百萬美元，後來吸引的客層並不夠大，或是沒有設計出可擴大的商業模式，還是失敗。

網路上

Kickstarter 之類的群眾募資平台讓預購得以風行。你可以去這類平台宣傳創意提案，顧客如果喜歡，就可以承諾加入贊助。提案達到預設的籌資目標才能收到錢。如果你願意建置基礎設施，也可以自行設定的預售流程。

真實世界

保證、意向書和簽名，就算沒有法律約束力，也都是測試潛在顧客購買意願的強而有力技巧。這些技巧在企業對企業（B2B）的情境也很容易運用。

Bringing It All Together
彙整結果

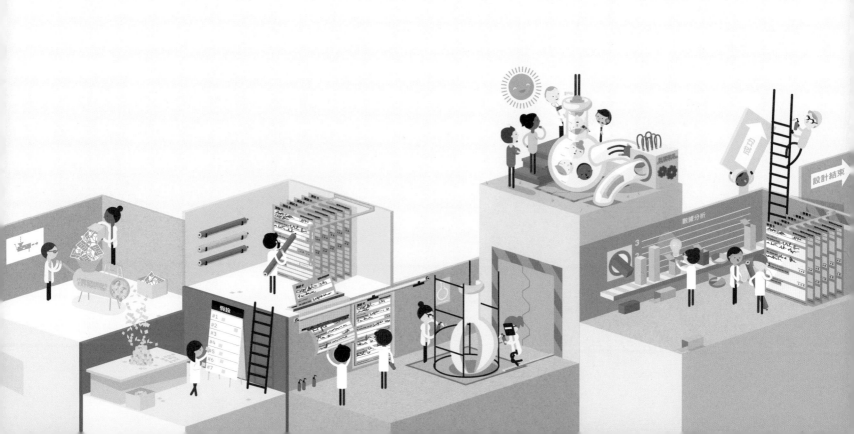

測試流程

用所有你學過的工具、方法，描述你需要測試什麼、你將如
何測試，將你的**構想變為事實**。

測試項目

用價值主張圖與商業模式圖，規劃出你認為構想
可以成功的做法。有了這個基礎，你很容易清楚
說明什麼假設必須成立，你的構想才可行。設計
一連串的實驗，從最重要的假設開始測試驗證。

如何測試

用測試卡描述你會如何驗證最重要的假設，會評
量哪些因素。做完一個或更多實驗後，用學習卡
記錄洞見，指出是否要進一步回頭重新了解、調
整、或是轉換角度發展，或繼續測試下一個重要
的假設。

下一步

堅持目標，持續推進，用問題和解決方案適配、
產品和市場適配與商業模式適配，持續追蹤，檢
視你是否由最初構想朝可獲利、可擴大的商業模
式前進。

1

（再次）形塑
構想

(6)

2

萃取假設

5A

確認無效

重新再調整或換角度發展

5B

不確定

做更多測試

建立

測試卡

5

學習卡

記錄學習心得
和下一步行動

4

進入
學習循環

3

設計測試

5C

確認有效

進展至下一項要素

學習

評量

6

評量進展

轉向

發掘顧客　　　　確認顧客　　　　創造顧客　　　　建立公司

評量進展

測試可以持續降低不確定性，讓構想朝真正的事業一步步前進。追蹤已完成的活動和已獲得的成果，評量目標的進度。這個跨頁是根據布蘭克（Steve Blank）的投資就緒水平量表（Investment Readiness thermometer）設計，幫你掌握你的進程。

下載進展評量指標

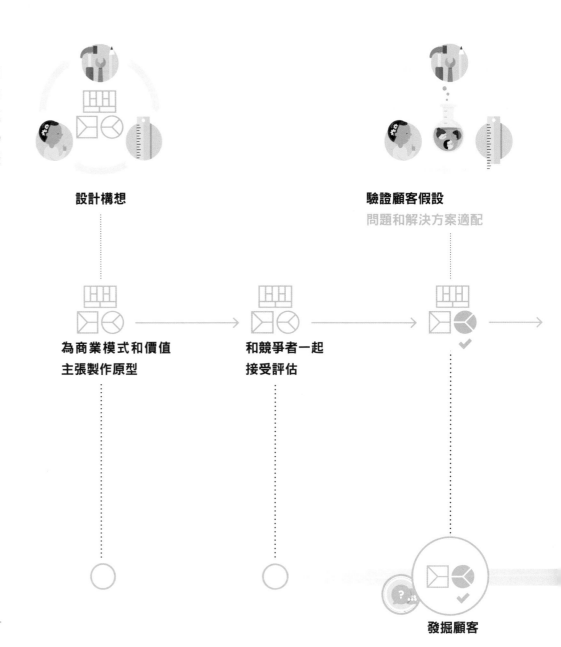

設計構想

驗證顧客假設
問題和解決方案適配

為商業模式和價值
主張製作原型

和競爭者一起
接受評估

發掘顧客

Blank, Investment Readiness Thermometer, 2013,
http://steveblank.com/2013/11/25/its-time-to-play-moneyball-
the-investment-readiness-level/.

驗證價值主張

產品和市場適配

驗證商業模式

商業模式適配

監測商業模式

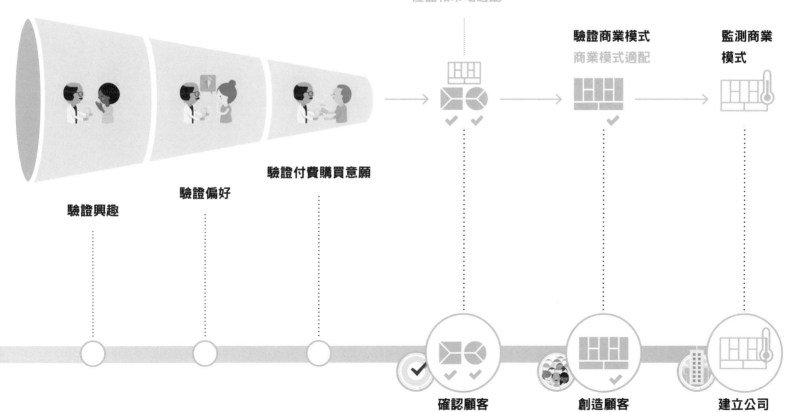

驗證興趣

驗證偏好

驗證付費購買意願

確認顧客

創造顧客

建立公司

進度總表 The Progress Board

使用進度總表管理、監視測試進度,評量你邁向成功的進度。

◉ 取得進度總表的海報

我已經測試哪些要素?

用價值主張圖和商業模式圖,追蹤哪些要素已經測試、驗證成功或確認無效。

我正在測試什麼要素?學到什麼?

追蹤你正在計畫、進行、評量的測試,消化學習,清楚的整理、寫下你的洞見,以及後續行動。

我的進度如何?

將你的進展記錄下來。

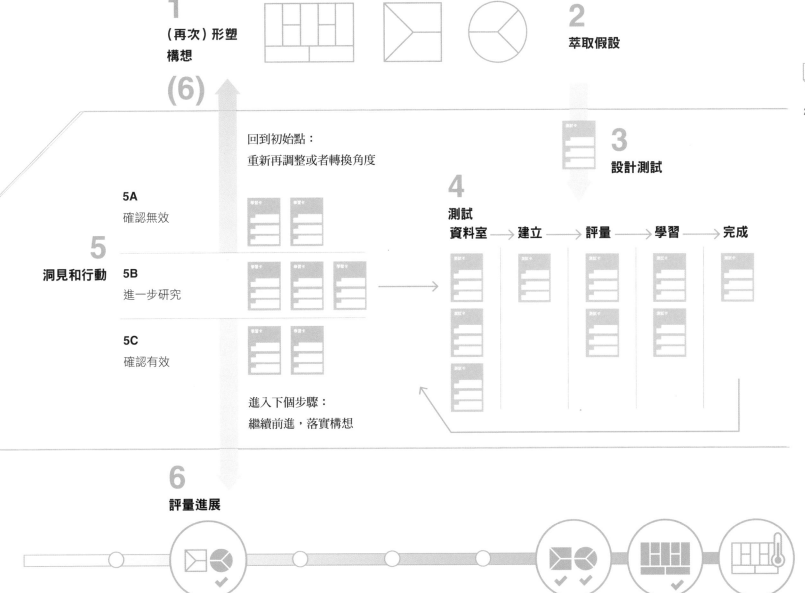

1
（再次）形塑
構想

2
萃取假設

3
設計測試

(6)

回到初始點：
重新再調整或者轉換角度

5
洞見和行動

5A
確認無效

5B
進一步研究

5C
確認有效

進入下個步驟：
繼續前進，落實構想

4
測試
資料室 → 建立 → 評量 → 學習 → 完成

6
評量進展

Owlet 新生兒智慧監測：有系統的測試，不斷進步

無線監測嬰兒的血氧濃度、心跳，和睡眠數據。

Owlet 商業模式：原始版本

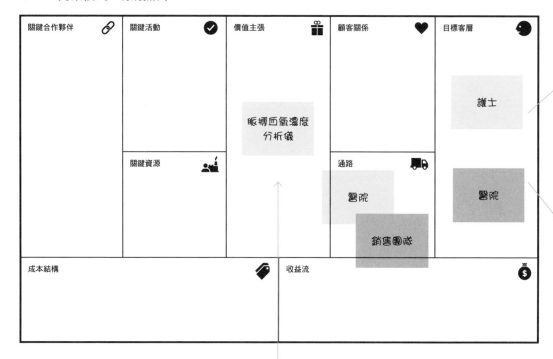

關鍵合作夥伴 🔗	關鍵活動 ✔	價值主張 🎁	顧客關係 ❤	目標客層 👥
		脈搏血氧濃度分析儀		護士
	關鍵資源 🏭		通路 🚚 醫院 銷售團隊	醫院
成本結構 🏷			收益流 💲	

1

原始構想

機會

監測顯示器與監測裝置不用電線連結，透過無線傳輸，更簡單就可以監測脈搏血氧濃度。

🦉 線上觀賞 Owlet 產品簡介

*Case adopted in accordance with Owlet. Owlet was the winner of the 2013 International Business Model Competition.

測試 1A：訪談護士

假設：用無線脈搏血氧濃度分析儀更方便

評量：正面回饋的比例

測試：訪談護士

數據：在受訪的 58 位護士裡，93% 偏好無線監測

驗證有效：一週，$0

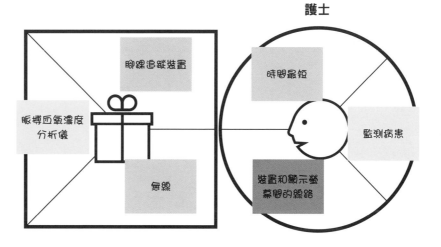

護士

測試 1B：訪談醫院行政人員

假設：用無線脈搏血氧濃度分析儀更方便

評量：正面回饋的比例

測試：訪談醫院行政人員

數據：0% 的人願意付更多錢購買無線設備，「如果不合成本效益，使用簡便不是痛點。」

驗證無效：一週，$0

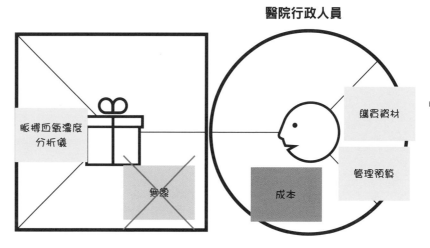

醫院行政人員

轉向：
改變目標客層

數據：嬰兒猝死症 (SIDS) 是嬰兒
死亡的首要因素

一週後第一次修正

Owlet 商業模式：版本 2

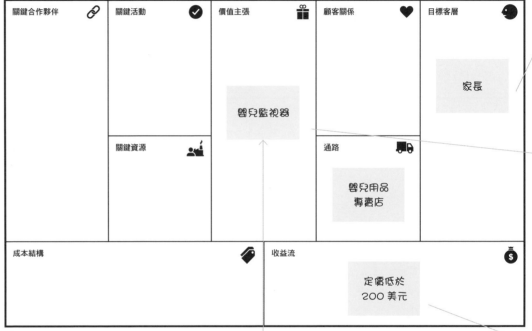

關鍵合作夥伴 🔗	關鍵活動 ✓	價值主張 🎁	顧客關係 ❤	目標客層
		嬰兒監視器		家長
	關鍵資源		通路 🚚	
			嬰兒用品專賣店	

成本結構 🏷	收益流 💰
	定價低於 200 美元

轉向：

改變目標客層，從護士
和醫院轉為擔心的家長。

2

重新測試

讓家長心安

無線監視器蒐集嬰兒心跳速率、血氧濃度和睡眠
模式，透過藍芽傳送數據到家長的智慧型手機
上，發送警示通知；由嬰兒用品店的通路銷售。

測試 2：訪談家長

假設：家長已能準備好接受、也願意購買嬰兒用無線監視器

評量：能接受的家長比例

測試：訪談母親

數據：105 個受訪的母親裡，96%接受無線監測。

「太棒了。我現在就想要！」

驗證有效

測試 3：最簡可行品到達頁面

假設：智慧小短襪既方便，又簡單便於監測

評量：正面評價次數

測試：用最簡可行品測試，並在網站上放一支影片

數據：17,000 次瀏覽，5,500 次分享至臉書，

500 個來自家長、經銷商和研究團體的正面評價

驗證有效，兩週，220 美元

測試 4：A/B 價格測試

假設：比較租用價與定價 200 美元以上兩個選項

評量：特定售價的接受度

測試：上網進行 A/B 測試，共 3 回合

資料：1,170 人受測，299 美元是最佳價格

驗證有效，八週，30 美元

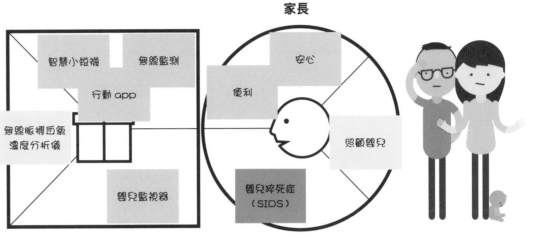

家長

看似大有前景，
但是……

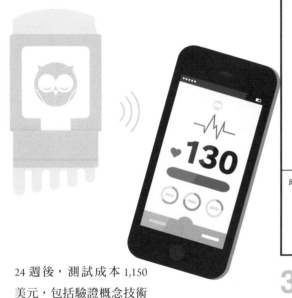

24 週後，測試成本 1,150
美元，包括驗證概念技術
上可行

精實執行

據專家說法，食品藥物管理局
核可嬰兒監視器要 1 年，花費
12 萬至 20 萬美元間。

Owlet 商業模式：版本 3

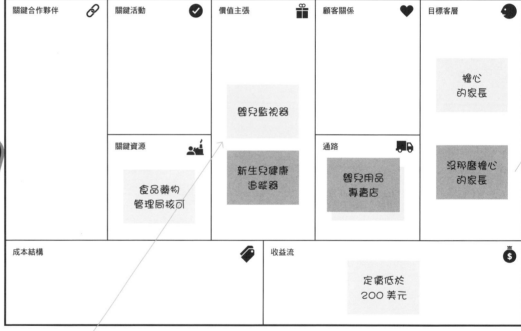

關鍵合作夥伴 🔗	關鍵活動 ✔	價值主張 🎁	顧客關係 ❤	目標客層 😮
		嬰兒監視器		擔心的家長
	關鍵資源 🏭	新生兒健康追蹤器	**通路** 🚚	沒那麼擔心的家長
	食品藥物管理局核可		嬰兒用品專賣店	

成本結構 🏷	收益流 💰
	定價低於 200 美元

須實驗驗證……

3

重新再調整

給沒那麼擔心的家長，讓他們安心

新生兒健康追蹤器（追蹤心跳、血氧濃度、睡眠
模式），這是更簡單、低風險型的產品，沒有警
示通知，是給另一個客層：較不擔心的父母。

STRATEGYZER.COM / VPD / TEST / 3.4

測試 5：訪談／提議：
Owlet 挑戰

假設：較不擔心的家長已準備好接受並購買無警示通知的嬰兒用無線健康追蹤器

評量：接受無警示追蹤器的家長比例

測試：到零售據點進行訪談，請受測者在 Owlet 追蹤器和其他類似系統（視訊、音訊和動作偵測）間做選擇

資料：81 人受訪，20% 選 Owlet 追蹤器

驗證有效，三週，$0

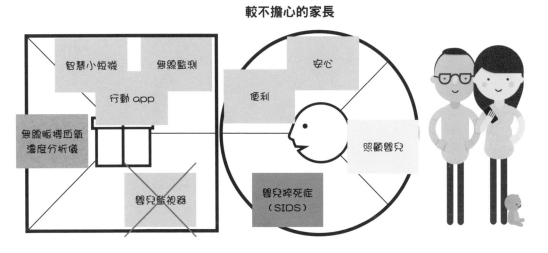

較不擔心的家長

智慧小短襪　無線監測　行動 app　無線脈搏匹氧濃度分析儀　嬰兒監視器

安心　便利　照顧嬰兒　嬰兒猝死症（SIDS）

Owlet 決定先從嬰兒健康追蹤器開始，等食品藥物管理局核可後，再增加警示通知功能。

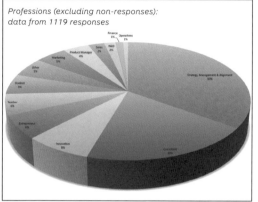

Professions (excluding non-responses):
data from 1119 responses

學到的經驗

逐項測試

顧客是價值主張的法官、陪審團和行刑者，所以走出辦公室，以開發顧客流程和精實創業原則測試顧客反應。初期不確定性最高，切記要從最快速、最便宜的實驗開始、去驗證構想的基本假設。

實驗資料室

顧客說的話和實際行動截然不同。訪談之外，還要進行一系列實驗，讓顧客行動、產生證據，證明他們的興趣、偏好和購買意願。

彙整結果

推出未經測試的構想是一廂情願，測試構想卻不推出產品，是在浪費時間。推出測試過的構想，改變人生，你就成為創業家了。從構想到真正的事業，一步一步評量自己的進展。

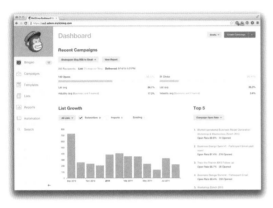

lve

演進

組織不斷演進，以價值主張圖和商業模式圖為共同語言，在組織各部分創造一致性 p. 260。你必須持續評量和監測 p. 262 你的價值主張和商業模式，不斷改進提升 p. 264 和自我創新 p. 266。

創造一致性

價值主張圖是創造一致性的絕佳工具，幫助你與各種不同的利益關係人溝通，你聚焦在哪些顧客任務、痛點與獲益，並且說明你的產品與服務到底如何解決顧客的痛點、為顧客創造獲益。

包裝

廣告

說明影片

簡報投影片

銷售腳本

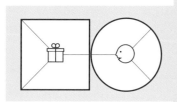 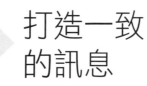

打造一致
的訊息

讓內部和外部的利益相關人一致

行銷

根據你的產品和服務能回應的任務、痛點和獲益設計行銷訊息,讓面向顧客的所有訊息一致,從廣告到包裝設計都要一致。特別點出要聚焦在哪些減少痛點和創造獲益的功能。

(通路)夥伴

讓(通路)夥伴加入,說明你的價值主張,凸顯你如何減少顧客的痛點、創造獲益,讓他們了解顧客為什麼會愛你的產品和服務。

員工

協助所有員工了解你聚焦的目標客層,回應哪些任務、痛點和獲益,並且說明你的產品和服務如何創造價值,解釋價值主張如何和商業模式適配。

業務人員

協助業務人員了解瞄準哪個目標客層,了解顧客的任務、痛點和獲益,強調你的價值主張有哪些減少痛點和創造獲益的功能最可能熱銷。讓銷售腳本和簡報投影片的設計一致。

利益相關人

對利益相關人說明你打算如何為顧客創造價值,清楚解釋(新的和改善過的)價值主張如何支持你的商業模式,創造競爭優勢。

評量和監測

價值主張開始進入市場運作，就用價值
主張圖和商業模式圖設定表現指標，進
行監測。追蹤商業模式、價值主張的表
現，和顧客的滿意度。

商業模式的表現

價值主張的表現
（量化事實）

顧客滿意度
（認知感受）

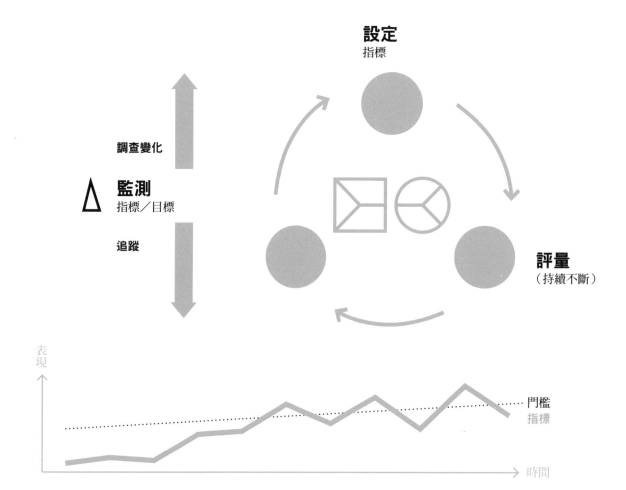

目標

指標

建構基礎

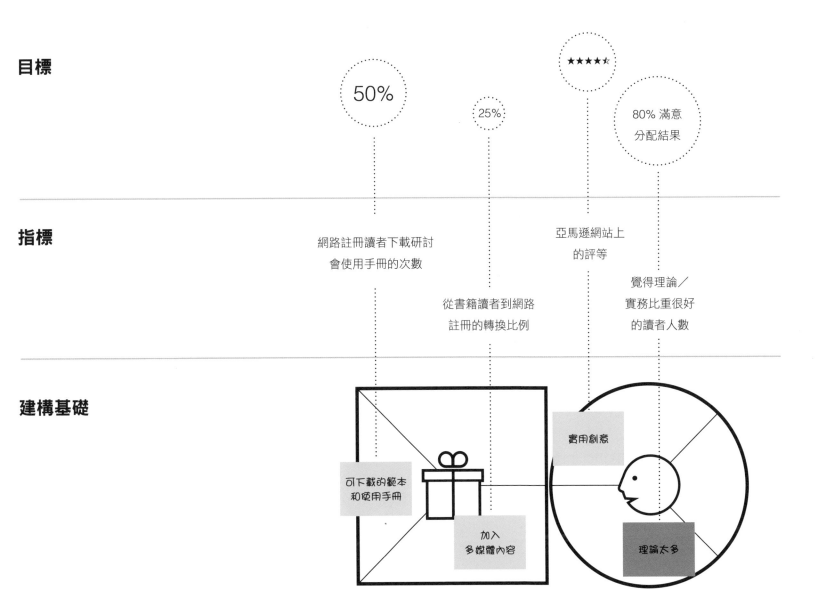

50%

★★★★☆

25%

80% 滿意
分配結果

網路註冊讀者下載研討
會使用手冊的次數

亞馬遜網站上
的評等

從書籍讀者到網路
註冊的轉換比例

覺得理論／
實務比重很好
的讀者人數

可下載的範本
和使用手冊

實用創意

加入
多媒體內容

理論太多

不斷
改進提升

價值主張的表現
（量化事實）

顧客滿意度
（認知感受）

5C
確認無效
對顧客滿意度
沒有影響

5A
不確定
多測試一點

設定

學習卡

測試卡

5B
確認有效
提升顧客滿意度

學習

評量
評量影響顧客滿意度的因
果關係

價值主張進入市場之後，用同樣的測試
和監測的工具與流程，繼續改善價值主
張。不斷測試，並評量對顧客滿意度的
影響。

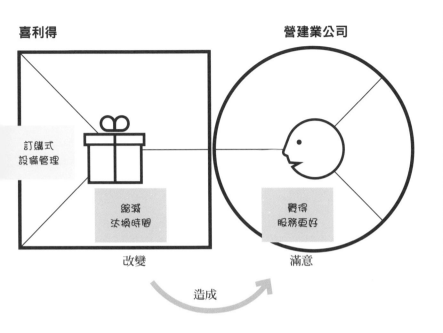

喜利得

訂購式
設備管理

縮減
汰換時間

改變

營建業公司

買得
服務更好

滿意

造成

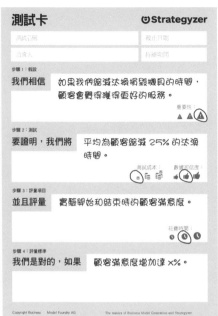

測試卡 ⓦ **Strategyzer**

測試名稱　　　　　　　　　截止日期

負責人　　　　　　　　　持續期間

步驟 1：假設

我們相信　如果我們縮減汰換損毀機具的時間，
顧客會覺得獲得更好的服務。

重要性
▲ ▲⚠

步驟 2：測試

要證明，我們將　平均為顧客縮減 25% 的汰換
時間。

測試成本：　　數據可信度：

步驟 3：評量項目

並且評量　實驗開始和結束時的顧客滿意度。

花費時間：

步驟 4：評量標準

我們是對的，如果　顧客滿意度增加達 x%。

Copyright Business　Model Foundry AG　　The makers of Business Model Generation and Strategyzer

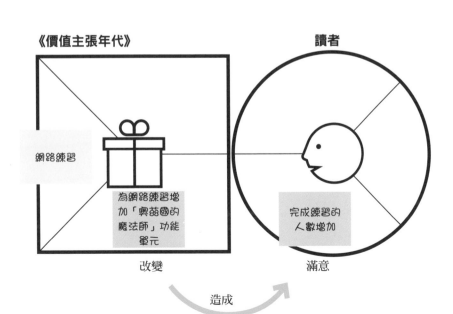

《價值主張年代》

網路練習

為網路練習增
加「奧茲國的
魔法師」功能
單元

改變

讀者

完成練習的
人數增加

滿意

造成

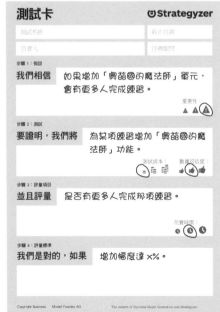

測試卡 ⓦ **Strategyzer**

測試名稱　　　　　　　　　截止日期

負責人　　　　　　　　　持續期間

步驟 1：假設

我們相信　如果增加「奧茲國的魔法師」單元，
會有更多人完成練習。

重要性
▲ ▲⚠

步驟 2：測試

要證明，我們將　為某項練習增加「奧茲國的魔
法師」功能。

測試成本：　　數據可信度：

步驟 3：評量項目

並且評量　是否有更多人完成那項練習。

花費時間：

步驟 4：評量標準

我們是對的，如果　增加幅度達 x%。

Copyright Business　Model Foundry AG　　The makers of Business Model Generation and Strategyzer

不斷
自我創新

成功的企業會創造內嵌在可行的商業模式之中、能熱銷的價值主張,而且能持續不斷,持之以恆,在成功之際仍持續設計、測試新的價值主張和商業模式。

今日的企業必須靈活,培養短暫優勢(transient advantage),這正是哥倫比亞商學院教授麥奎斯(Rita McGrath)在《動態競爭優勢時代》(The End of Competitive Advantage)所提出的主張。麥奎斯主張,企業必須發展持續迅速回應新商機的能力,而不是搜尋愈來愈難持久的長期競爭優勢。

用價值主張設計的工具和流程,不斷自我創新,創新鑲嵌在偉大商業模式裡的價值主張。

建立短暫優勢要牢記五件事:

· 以同樣認真嚴肅的態度面對探索新價值主張和商業模式,就如執行既有的價值主張和商業模式一樣。

· 投資在持續實驗新的價值主張和商業模式,而非冒險大膽押注不確定的事。

· 在成功之際自我創新;別等危機到來才行動。

· 把新構想和機會看作激勵、驅動員工和顧客的手段,而非高風險的嘗試。

· 用顧客實驗的結果作為新構想和機會的標準,而非只聽經理人、策略顧問或專家的意見

STRATEGYZER.COM / VPD / EVOLVE

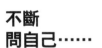

**不斷
問自己……**

你的環境有哪些因素正在改變？市場、科技、法規、總體經濟或競爭情勢的改變，對你的價值主張和商業模式有什麼意義？那些改變是否提供發掘新可能性的機會，或成為有破壞式影響的威脅？

你的商業模式要過期了嗎？你必須增加新資源或新活動嗎？現有的資源和活動提供你拓展商業模式的機會嗎？你能鞏固現有商業模式，或應該打造全新的模式嗎？你的商業模式組合適合未來的發展嗎？

今天的企業必須靈活，培養如哥倫比亞商學院教授麥奎斯在《動態競爭優勢時代》提出的短暫優勢。麥奎斯主張，企業必須培養不斷快速回應新機會的能力，而不是找出愈來愈難持久的長期優勢。

淘寶：
創新（電子）
商務商業模式

中國電子商務奇蹟淘寶隸屬於阿里巴巴集團，在網際網路上創造出一個可以安心信任做生意的生態系，引領中國大陸新一波的商業發展。10年前，淘寶的商業模式三次演進，積極主動擁抱在淘寶平台和中國經濟環境發生的改變，並將改變轉為機會。

上網查看完整的淘寶案例

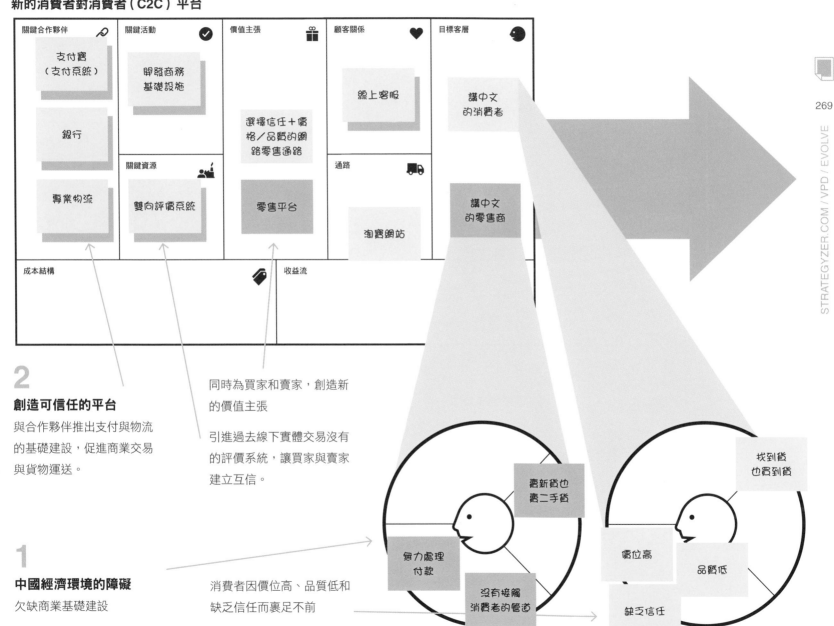

2003 年

新的消費者對消費者（C2C）平台

關鍵合作夥伴

支付寶
（支付系統）

銀行

專業物流

關鍵活動

開發商務
基礎設施

關鍵資源

雙向評價系統

價值主張

選擇信任＋價
格／品質的網
路零售通路

零售平台

顧客關係

線上客服

通路

淘寶網站

目標客層

講中文
的消費者

講中文
的零售商

成本結構

收益流

2

創造可信任的平台

與合作夥伴推出支付與物流
的基礎建設，促進商業交易
與貨物運送。

同時為買家和賣家，創造新
的價值主張

引進過去線下實體交易沒有
的評價系統，讓買家與賣家
建立互信。

1

中國經濟環境的障礙

欠缺商業基礎建設

消費者因價位高、品質低和
缺乏信任而裹足不前

賣新貨也
賣二手貨

無力處理
付款

沒有接觸
消費者的管道

找到貨
也買到貨

價位高

品質低

缺乏信任

270

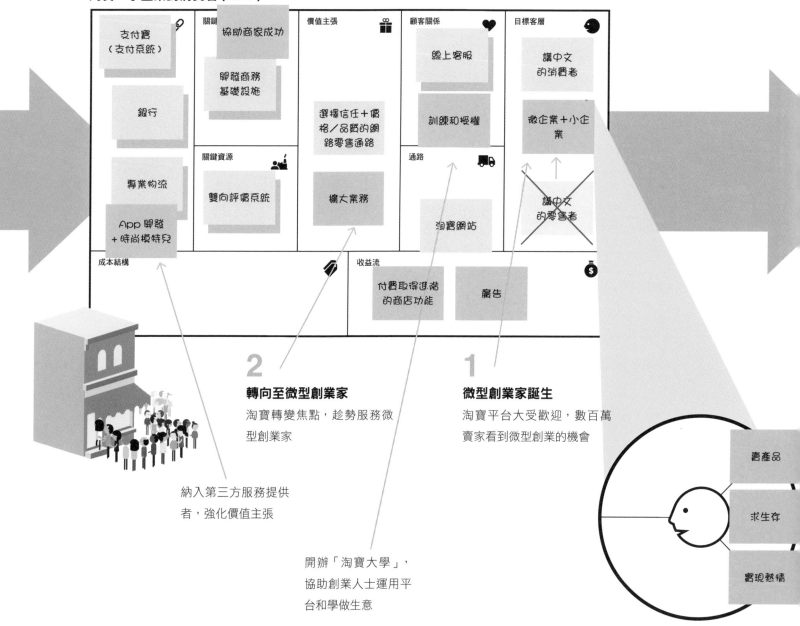

2006 年

淘寶－小企業對消費者（B2C）

關鍵 協助商家成功

支付寶（支付系統）

開發商務基礎設施

銀行

關鍵資源

專業物流

雙向評價系統

App 開發 + 時尚模特兒

價值主張

選擇信任＋價格／品質的網路零售通路

擴大業務

顧客關係

線上客服

訓練和授權

通路

淘寶網站

目標客層

講中文的消費者

微企業＋小企業

講中文的零售者

成本結構

收益流

付費取得進階的商店功能

廣告

2 轉向至微型創業家

淘寶轉變焦點，趁勢服務微型創業家

1 微型創業家誕生

淘寶平台大受歡迎，數百萬賣家看到微型創業的機會

納入第三方服務提供者，強化價值主張

開辦「淘寶大學」，協助創業人士運用平台和學做生意

賣產品

求生存

實現熱情

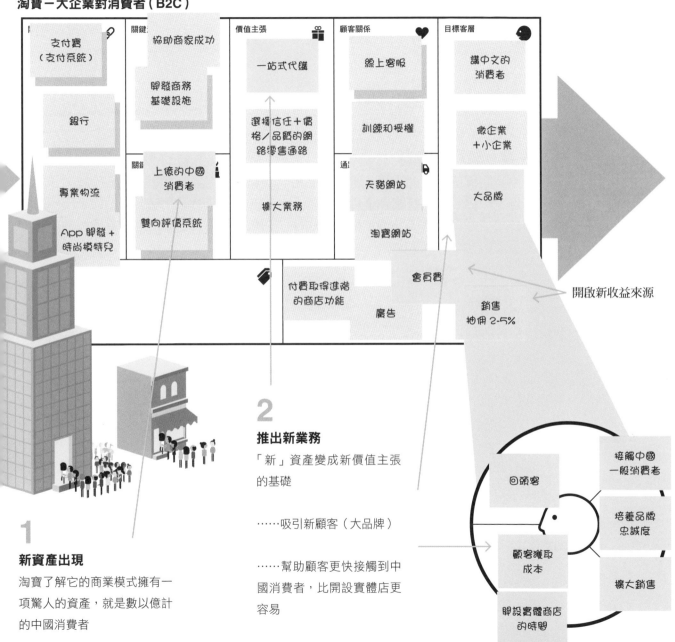

2008 年
淘寶－大企業對消費者（B2C）

關鍵合作夥伴
- 支付寶（支付系統）
- 銀行
- 專業物流
- App 開發＋時尚模特兒

關鍵活動
- 協助商家成功
- 開發商務基礎設施

關鍵資源
- 上億的中國消費者
- 雙向評價系統

價值主張
- 一站式代購
- 選擇信任＋價格／品質的網路零售通路
- 擴大業務

顧客關係
- 線上客服
- 訓練和授權

通路
- 天貓網站
- 淘寶網站

目標客層
- 講中文的消費者
- 微企業＋小企業
- 大品牌

成本結構
- 付費取得進階的商店功能

收益流
- 會員費
- 廣告
- 銷售抽佣 2-5%

開啟新收益來源

1

新資產出現
淘寶了解它的商業模式擁有一項驚人的資產，就是數以億計的中國消費者

2

推出新業務
「新」資產變成新價值主張的基礎

……吸引新顧客（大品牌）

……幫助顧客更快接觸到中國消費者，比開設實體店更容易

- 回頭客
- 接觸中國一般消費者
- 培養品牌忠誠度
- 顧客獲取成本
- 擴大銷售
- 開設實體商店的時間

2013 年
淘寶－？

271

十年來，淘寶改進、創新它的價值主張和商業模式，從簡單的電子商務平台，變成複雜的生態系。即使有行動、遊戲、簡訊和更多領域的新進展，淘寶還不能停下來休息，享受榮耀。不斷挑戰自己，要繼續演化。

學到的經驗

創造一致性

價值主張圖和商業模式圖是創造一致性的絕佳工具、組織的共同語言，讓組織內部不同部門合作更順利，幫助每個利益相關人了解你計劃如何為顧客和企業創造價值。

評量、監測、改進

長期追蹤價值主張的表現，確認儘管市場形勢改變，你仍持續創造顧客價值。用設計價值主張的工具和流程，持續改進你的價值主張。

成功之際自我創新

價值主張和商業模式創新不能等。搶在市場形勢逼人之前自我創新，不然可能就太遲了。建立適當的組織架構，讓你能改進既有、同時又能創造新的價值主張和商業模式。

after

word

附錄

名詞解釋

（商業）假設 (Business) Hypothesis

構想要部分可行或完全可行必須成立的事，但是這些事尚未被驗證。

商業模式 Business Model

組織如何創造、提供和獲取價值的基本理念。

商業模式圖 Business Model Canvas

設計、測試、建立、管理（可獲利和可擴展規模的）商業模式的策略管理工具。

要求行動 Call to Action (CTA)

通常是在實驗的情境裡，設計提示，促使目標對象採取行動，以便測試一個或是多個假設。

開發顧客 Customer Development

這是布蘭克（Steve Blank）發明的四個階段流程，藉由不斷與顧客和利益相關人測試商業模式的假設，以降低新創事業的風險和不確定性。

顧客的獲益 Customer Gains

顧客必須要得到、期待得到、渴望得到或是夢想能夠達成的結果和利益。

顧客洞見 Customer Insight

在了解顧客上得到重大或是些微突破，幫助你設計更符合顧客需求的價值主張和商業模式。

顧客痛點 Customer Pains

顧客想要避免的風險、障礙與壞結果，這些事情讓顧客無法（順利的）完成任務。

顧客素描 Customer Profile

在價值主張圖右半邊的商業工具。針對你要為其創造價值的目標客層（或利益相關人），將他們的任務、痛點和獲益具體視覺化。

環境圖 Environment Map

描繪情境的策略展望工具，你在這個情境中設計、管理你的價值主張和商業模式。

證據 Evidence

用來證明或否決與價值主張、商業模式或商業環境有關的（商業）假設、顧客洞見或信念。

實驗 / 測試 Experiment/Test

產出證據來確定價值主張和商業模式的假設是否真確的過程。

價值適配 Fit

當價值地圖的要素符合與目標客層相關的任務、痛點和獲益，而且有相當多的顧客「買單」你的價值主張，來滿足那些任務、痛點和獲益。

獲益引擎 Gain Creators

描述產品和服務如何創造獲益，並協助顧客（順利）完成任務，獲得他們堅持、預期、渴求和夢想得到的結果和利益。

要完成的任務 Jobs to Be Done

顧客需要、想要或渴望在人生和工作上能做到的事。

精實創業 Lean Start-up

萊斯（Eric Ries）根據開發顧客流程採取的作法，以反覆調整的方式，不斷的建構、測試和學習，以消除產品開發過程的不嚴謹和不確定。

學習卡 Learning Card

從研究和實驗獲取洞見的策略學習工具。

最簡可行品
Minimum Viable Product (MVP)

價值主張的簡單模型，特別設計來確認一個或更多個假設是否真確。

痛點解方 Pain Relievers

描述產品與服務如何經由消除或降低阻撓顧客（順利）完成任務的障礙、風險和負面結果，達到降低顧客痛點的目標。

產品與服務 Products and Services

表現價值主張的所有產品與服務，好比是顧客在你的櫥窗裡看到的所有商品。

進度總表 Progress Board

管理、檢視商業模式和價值主張設計流程的策略管理工具，追蹤進度，直到完成商業模式和價值主張。

原型製作（低／高擬真）
Prototyping(low/high fidelity)

製作快速、廉價、粗略的研究模型，來研究各種可能的價值主張與商業模式的適合度、可行性、存活力。

測試卡 Test Card

用來測試、架構你的研究和實驗的策略測試工具。

價值地圖 Value Map

在價值主張圖左半邊的商業工具。清楚說明你的產品與服務如何降低顧客痛點、創造獲益，為顧客創造價值。

價值主張 Value Proposition

描述顧客可以從你的產品與服務得到的利益。

價值主張圖 Value Proposition Canvas

設計、測試、建構與管理產品與服務的策略管理工具，與商業模式圖充分整合。

價值主張設計 Value Proposition Design

從設計、測試、建構到管理價值主張整個生命週期的過程。

🔘 取得名詞解釋 pdf 檔

核心團隊

Yves Pigneur
指導作者

Trish Papadakos
設計師

Greg Bernarda
作者

Alex Osterwalder
主要作者
Strategyzer 創辦人

Alan Smith
作者 + 創意指導
Strategyzer 創辦人

Tegan Mierle

Sarah Kim

Brandon Ainsley

Matt Mancuso

Pilot Interactive
繪圖團隊

Strategyzer 內容團隊

Benson Garner, Nabila Amarsy

Strategyzer 產品團隊

Dave Lougheed, Tom Phillip, Joannou Ng, Chris Hopkins,
Matt Bullock, Federico Galindo

試閱讀者

在本書出版之前，我們根據本書的想法先行測試出書構想。全球有超過 100 人參與試閱，詳細檢視我們的初步成品。其中 60 多人積極參與評論構想、概念和跨頁設計。他們提供建議、仔細校對，且毫不留情的指正疏漏和矛盾。我們也數度調整書名以獲知試閱讀者的反應，之後才把不同的選項拿到市場上測試，以下是這些讀者的名單。

Gabrielle Benefield

Phil Blake

Jasper Bouwsma

Frederic Briguet

Karl Burrow

Manuel Jose Carvajal

Pål Dahl

Christian Doll

Joseph Dougherty

Todd Dunn

Reinhard Ematinger

Sven Gakstatter

Jonas Giannini

Claus Gladyszak

Boris Golob

Dave Gray

Gaute Hagerup

Natasha Hanshaw

Chris Hill

Luke Hohmann

Jay Jayaraman

Shyam Jha

Greg Judelman

James King

Hans Kok

Ryuta Kono

Jens Korte

Jan Kyhnau

Michael Lachapelle

Ronna Lichtenberg

Justin Lokitz

Ranjan Malik

Deborah Mills-Scofield

Nathan Monk

Mario Morales

Fabio Nunes

Jan Ondrus

Aloys Osterwalder

Matty Paquay

Olivier Perez Kennedy

Johan Rapp

Christian Saclier

Andrea Schrick

Gregoire Serikoff

Aron Solomon

Peter Sonderegger

Lars Spicker Olesen

Matt Terrell

James Thomas

Paris Thomas

Patrick Van Der Pijl

Emanuela Vartolomei

Mauricio

Reiner Walter

Matt Wanat

Lu Wang

Marc Weber

Judith Wimmer

Shin Yamamoto

作者簡介

亞歷山大 奧斯瓦爾德 Alex Osterwalder

奧斯瓦爾德博士是全球暢銷書《獲利時代》的主
要作者、熱情洋溢的創業家，演講邀約不斷。他
同時是軟體公司 Strategyzer 的共同創辦人，
Strategyzer 專精策略管理與創新相關的工具和
內容。他發明策略管理工具「商業模式圖」，用
於設計、測試、建立和管理商業模式；採用商業
模式的企業眾多，例如可口可樂、奇異、寶僑家
品、萬事達卡、易利信、樂高和 3M。奧斯瓦爾
德博士經常往來各大公司和全球知名大學擔任專
題演講人，包括史丹福大學、柏克萊大學、麻省
理工學院、西班牙 IESE 商學院和瑞士洛桑國際
管理學院。

上網追蹤他的動態 @alexosterwalder

伊夫 比紐赫 Yves Pigneur

比紐赫博士是《獲利時代》共同作者和洛桑大學
資訊管理學教授。他也是美國、加拿大和新加坡
等地大學的客座教授。比紐赫博士經常在各大
學、大型企業、創業人士研討會和國際會議上擔
任商業模式主題的演講來賓。

葛瑞格　柏納達 Greg Bernarda

柏納達是一個思想家、創作者，也是輔助個人、團隊和組織進行策略和創新專案的引導人。他承接的專案都是高露潔、福斯汽車、哈佛商學院和凱捷管理顧問公司（Capgemini）這一類夙負盛名的顧客。柏納達經常演講；他曾在北京共同舉辦以永續發展為題的系列活動；目前擔任巴黎 Utopies 組織的顧問。在此之前，他在世界經濟論壇（WEF）任職長達 8 年，為會員主辦討論全球議題的倡議。他擁有牛津大學賽德商學院的企管碩士學位，是 Strategyzer 認證的商業模式教練。

亞倫　史密斯 Alan Smith

史密斯熱愛設計和商業。他是受過設計訓練的創業家，曾歷經電影、電視、印刷、行動電信和網際網路等產業。他共同創辦的國際設計公司 Movement，在倫敦、多倫多、日內瓦都設有辦事處。史密斯協助奧斯瓦爾德和比紐赫創造商業模式圖，這是《獲利世代》的突破性設計。他同時也是 Strategyzer 的共同創辦人，負責帶領團隊建立工具和內容；協助商業人士製作顧客想要的產品。

上網追蹤他的動態 @thinksmith

翠西　帕帕達科斯 Trish Papadakos

帕帕達科斯是設計師、攝影師，也是創業家。她擁有倫敦中央聖馬丁藝術學院（Central St. Martins）設計碩士學位，以及多倫多的約克大學／謝里丹學院聯合藝術課程的設計學士學位。她在母校教設計，並和許多聲譽優良的公司合作。她數度創業，目前正和 Strategyzer 團隊進行第三次合作案。

請上網追蹤她的動態 @trishpapadakos

譯者簡介

季晶晶

美國南加州大學公共行政碩士，曾任加拿大 RBC 銀行西溫分行營運襄理，回台後轉任編譯，譯有《從 0 到 1》、《顧客大反擊》、《一開口，就說不：談判必勝 14 策略》、《經營成長策略》等書。

天下財經 285

價值主張年代
設計思考 X 顧客不可或缺的需求 = 成功商業模式的獲利核心
Value Proposition Design

作　　者／亞歷山大‧奧斯瓦爾德（Alex Osterwalder）、伊夫‧比紐赫（Yves Pigneur）、亞倫‧史密斯（Alan Smith）、葛瑞格‧柏納德（Greg Bernarda）

設　　計／翠西‧帕帕達科斯（Trish Papadakos）

譯　　者／季晶晶

責任編輯／蘇鵬元

封面完稿／Javick 工作室

發 行 人／殷允芃

出版一部總編輯／吳韻儀

出 版 者／天下雜誌股份有限公司

地　　址／台北市 104 南京東路二段 139 號 11 樓

讀者服務／（02）2662-0332

傳　　真／（02）2662-6048

天下雜誌 GROUP 網址／ http://www.cw.com.tw

劃撥帳號／ 01895001 天下雜誌股份有限公司

法律顧問／台英國際商務法律事務所‧羅明通律師

印刷製版／中原造像股份有限公司

裝 訂 廠／中原造像股份有限公司

總 經 銷／大和圖書有限公司

電　　話／（02）8990-2588

出版日期／ 2015 年 5 月 6 日第一版第一次印行
　　　　　 2015 年 5 月 13 日第一版第二次印行

定　　價／ 980 元

特　　價／ 569 元

國家圖書館出版品預行編目 (CIP) 資料

價值主張年代：設計思考 X 顧客不可或缺的需求 = 成功商業
模式的獲利核心／亞歷山大‧奧斯瓦爾德（Alex Osterwalder）
等著；季晶晶譯 .-- 第一版 .-- 臺北市：天下雜誌，2015.05
　面；　公分 .--（天下財經；285）
譯自：Value Proposition Design
ISBN 978-986-398-060-5（平裝）

1. 商業管理 2. 策略規劃 3. 顧客關係管理

494.1　　　　　　　　　　　　　　　　104006217

書號：BCCF0285P

ISBN：978-986-398-060-5（平裝）

天下網路書店 http://www.cwbook.com.tw

天下雜誌我讀網 http://books.cw.com.tw/

天下讀者俱樂部 Facebook http://www.facebook.com/cwbookclub

本書如有缺頁、破損、裝訂錯誤，請寄回本公司調換

天下雜誌
觀念領先